你只管努力，剩下的交给运气

YOU JUST WORK HARD. LEAVE THE REST TO LUCK

金正浩 / 著

化学工业出版社
·北京·

图书在版编目（CIP）数据

你只管努力，剩下的交给运气 / 金正浩著．—北京：化学工业出版社，2018.10
ISBN 978-7-122-32764-2

Ⅰ．①你… Ⅱ．①金… Ⅲ．①成功心理 - 通俗读物 Ⅳ．① B848.4-49

中国版本图书馆 CIP 数据核字（2018）第 174552 号

责任编辑：郑叶琳 张焕强　　装帧设计：王 婧
责任校对：王 静

出版发行：化学工业出版社（北京市东城区青年湖南街 13 号 邮政编码 100011）
印　　装：三河市双峰印刷装订有限公司
880mm×1230mm 1/32 印张 10½ 字数 191 千字
2019 年 1 月北京第 1 版 第 1 次印刷

购书咨询：010-64518888　　售后服务：010-64518899
网　　址：http://www.cip.com.cn
凡购买本书，如有缺损质量问题，本社销售中心负责调换。

定　　价：45.00 元

/序言/

在我们严肃地开始人生的话题之前，我先给你讲个笑话，你可千万别哭啊！

有个落魄的中年人，每隔两三天就到教堂祈祷，而且他的祷告词几乎每次都相同。

第一次到教堂时，他跪在圣坛前，虔诚地低语："上帝啊，请念在我多年敬畏您的分儿上，让我中一次彩票吧！阿门。"

几天后，他又垂头丧气地来到教堂，同样跪着祈祷："上帝啊，为何不让我中彩票？我愿意更谦卑地服从您，求您让我中一次彩票吧！阿门。"

又过了几天，他再次出现在教堂，同样重复他的祷告。如此周而复始，不间断地祈求着。

到了最后一次，他跪着祈祷："我的上帝，为何您不聆听我的祷告呢？让我中彩票吧，只要一次，让我解决所有困难，我愿终身侍奉您……"

就在这时，天空发出一阵庄严的声音："我一直在聆听你的祷告，可是——最起码，你应该先去买一张彩票吧！"

或许你听过这个笑话，不管怎样，你一定笑那个中年人很傻。可是，在现实生活中，我们身边的好多人却不比那个中年人更聪明。

很多人总想着取得多么巨大的成功，实现多么宏伟的目标，可是连一点点努力都不愿付出的话，再好的运气也无法帮到你。所以，与其去渴求上天的厚爱，不如靠自己的奋斗来改变命运。你只管努力就好，剩下的不妨交给运气！

我在这几年，一直在帮助二十几岁的年轻人改变自己，每天都在和这些年轻的朋友打交道。他们很可爱也很单纯，总是希望有一天“成功”这两个字能真正在自己身上实现。但是，根据我的经验，你想要的成功，没有那么容易就会到来。

特别是：

当刚从大学校门走出，站在人生的十字路口上，你连往哪儿走都不知道时；

当进入社会，找了一份不喜欢的工作，你感到迷茫，看不到未来时；

当身边的人取得了成功，你还在原地踏步，你感到自卑和自责时；

当你踌躇满志准备大干一场，却发现自己根本就是志大才疏时；

……

大多数的年轻人都会遇到这样或那样的问题，我在当年也是

这样，拎着包从大学走出来时，除了一无所有，好像找不到更合适的词汇来概括自己。所以，无须感到不好意思，也不用太过彷徨，因为这个阶段既是你最迷茫的时期，也是你最有精力和最有希望的时期。

为什么这么说呢？迷茫，是因为你毫无经验，也欠缺人际关系，甚至根本不懂社会的运转法则，你不迷茫谁迷茫？或许这就是青春的一种“阵痛”吧。但正是因为青春，你有无限的精力，你的身体、头脑都处于最佳状态，这个时候如果能找准自己的方向，能够有所计划地去改变你的人生、发展你的优势，你的人生就会有无限的可能。

这是非常棒的一件事——你的人生走向由你决定，你想怎样打开自己的人生，完全取决于你自己！想想看，是不是这样？

或许你会说，我还是迷茫啊，不知道怎么做、应该做什么。别着急，我想我能够帮到你。

我在自己之前的书里，给年轻朋友分享了一些成功人士的经验，也有很多自己的感悟，但是我觉得还不够直接。很多年轻朋友写信告诉我，希望我能够多讲点自己的故事。

于是，我写了这本书。在这本书里，你会看到一个可能比现在的你还苦闷的北漂青年。回想起来，我曾经穷得连租房的钱都没有，住过地下室、蹭过饭、醉过酒，和你一样经历着青春的“阵痛”。但是在迷茫中，我并没有完全放弃自己，一边摸爬滚打，一边寻找机遇，所以才有了现在的我。

遗憾的是，我目前还未达到你所崇拜的马云、刘强东、马化腾那样的成就，也没有王健林“先挣它一个亿”的小目标。但我相信，我的故事一定能够打动你，可以让你忘记疼痛，让你不再花时间去焦虑，让你找准自己努力奋斗的意义。

来吧，读一读我的故事，然后你只管努力，剩下的，就把它交给运气吧！

金正浩

目　录
CONTENTS

PART 2 生活不只有眼前的苟且

PART 3
人生哪有什么直线可以走

PART 4
在真实的世界里锤炼自己

PART 5
不做主角，一辈子只能跑龙套

01

Part 1

人生所有的开始，都没想象中容易

1. 毕业了，才明白什么叫一无所有

我毕业那一年，穿着军装、带着口音的许三多火遍大江南北。被“不抛弃不放弃”洗脑了几轮，我踌躇满志地站在了毕业的路口。

然后，我拖着三个重重的箱子，走过长长的街，挤进了朝阳区的一个出租房内只有床那么大的隔板间里。日后想起来，才发觉那一段路，是我从天堂坠进了地狱的痕迹。

毕业之后，我执意进京，惹得母亲抹了好几天的眼泪，我便不好再和父母多要一分钱了。一进京用最后的积蓄随便找了个房子，才开始找工作。这是一个不好的范例，事情应该在毕业之前就搞定，可是我的确是拖到了不得不做的地步。毕竟，一直吃泡面也不是个事儿。

想来好笑，当时我觉得那是我人生最黑暗的一段时日。

现在想想，觉得自己还是太天真了，那时候我还不知道会有一天连吃泡面都是奢望的日子。

毕业之后那段时期，是我最孤寂的一段日子倒是真的。我早晨睡醒，洗个脸开始找工作投简历，饿了就吃半包泡面，累了打一会儿游戏，困了睡过了，起来才发现，天都黑了，屋子里灯也没开，感觉全世界只剩下我一人。再后来合租户陆陆续续回来，厨房开始飘出饭菜的香味，我泡了剩下的半包泡面继续找工作……之后好长时间我都不敢再闻泡面的味道。

那段时间，我常在乱想，如果自己死在屋子里，是不是也不会有人知道。那时候真的明白了，原来毕业了，才是真的一无所有。

很多你生活中的习以为常，都开始不再属于你，你的生活方式也已经不能再去应付新的生活。你迎来了期盼已久的自由，再也没有一个叫学校的存在对你的生活管东管西了，你变成了一个独立的个体面对着这个世界，那种慌张，我难以言表。

更多的是，你的一无所有，是精神上的。从来我都是要好好学习，突然毕业了，才发现没有了目标，梦想也很模糊，不需要用分数来标定自己，突然就不知道接下来要干什么了。

离开学校的前十天是最难熬的，十天过后，你就习惯了。我不是情感脆弱的人，但是在接受了近二十年的各种教育之后，我第一次不属于任何组织，没有人管我几点起床、做什么、做得好或者不好。你剩下的这辈子，都可以乐呵呵地闲逛，都没有人有义务去管你；但是，当问题和麻烦发生的时候，也只有你一个人能扛着了。

那时候虽然我在投简历，但依旧不知道自己未来想要做的是什么，应该把什么样的梦想当作自己的梦想。岔路口上，我人生下一阶段应该要为之努力奋斗的是什么？我靠什么生存？我想不明白。每当这时候，就觉得好像也不能就这么草率地决定去做什么工作，然后就又开始思考，但还是想不明白。直到有一天，发生了一件事。

我隔壁的大主卧住了一个金融行业的女孩，大我两届，有一天来敲我的门。我很意外，打开门，女孩递给我一袋洗好的葡萄，说是超市打折促销她买多了吃不了，再不吃后天就坏了。

关上门，连吃了 20 多天泡面的我，赶紧拿了一颗放进嘴里，差点哭出来，那是我这辈子吃过最甜的葡萄！我一个 20 多岁的大男生，竟然因为吃了一颗葡萄而差点哭出来，虽然想想觉得不可思议，但是至今想起来那袋葡萄是我吃过最好吃的水果。

吃葡萄的那一刻，我突然明白了自己想要什么。我想要再吃到葡萄！我想要吃更好吃的东西！我不要再吃泡面！我想要让自己过得好起来！我想要什么？我想要钱啊！这么说会不会显得我很现实？对的，那一刻，我突然回到了现实。

我一直在考虑自己该做什么，梦想是什么。一个连泡面都快

吃不起了的人，在琢磨该去做什么？自己也是可笑，我得要让肉体饿不死再去考虑思想上的问题啊！经济基础决定上层建筑，我得先解决经济基础才是真的，那时候我才不会看起来那么一无所有。关于梦想，我先填饱了肚子，边走边看啊！饿死了还谈什么梦想！

之后，很顺利地，我找了份本专业的工作，其实之前也能找到一些，只不过我对于新生活的忌惮让我不敢去让自己稀里糊涂地步入工作之中，也就没有珍惜每次面试的机会。

后来我和隔壁的姐姐聊起来那天的葡萄。她说，其实她故意多买了一袋，想趁机来看看这个新搬来的年轻人在干吗，每天不出屋子也不去工作，又一直只有泡面口袋扔出来。她好奇也很担心，决定找个由头来看看我。

我心里翻腾得厉害，感动或者是庆幸，感谢邻居姐姐的葡萄。那时候我很感动，想着还是有人在关心我，哪怕是萍水相逢。到现在，脑子里乱不知道想些什么的时候，我就会吃点儿葡萄，想起以前的日子，脑子就会清醒一些。按照朋友的说法，这是葡萄在提醒我“不忘初心，方得始终”。说得也有理，葡萄成了我的良药。

我和泡面的梁子就这么结下了，我和葡萄的缘分也就这么开始了。

我和我的新生活也开始了，我不再一无所有。

2. 第一份工作说多了都是泪

和大多数人一样，我人生的第一份工作就这么开始了。

首先，我高度赞扬下第一份工作的薪水，它救我于水火之中，让我告别了泡面，成为一个充满活力的人。然后，我不得不说，第一份工作，真的是用来长教训的。下面我就来讲讲我的第一份工作。

那一份广告公司的职位，我做策划。曾经，我天真地以为，我的脑子这么灵活，做创意就是一拍脑门的事儿啊，根本不需要多少工作经验。后来，发生的所有事情都证明了一句话——“too young，too simple”。

出于年轻的本能，新入职的我，带着自信和满腔热血，惨死在了第一次开会的头脑风暴中。

事情是这样的，我们的客户是一家牛奶品牌企业，我们要做

个 TVC（television commercial，电视广告片），任务是提前两天布置的，我一拍脑袋就想出来了一个，我的完美创意大致是这样的：一个出生不久的婴儿咕咚咕咚喝牛奶；一个小孩吃饼干蘸牛奶；一个年轻人出门前喝一杯牛奶；一个中年人煮奶茶也是喝牛奶；一个老年人睡前喝一杯牛奶。Slogan（口号）是"牛奶是一生的陪伴"。

想出这个创意之后，我就幻想，我那个永远板着脸的女领导听了我的创意之后，眼前一亮，赞许地看着我，然后大力地表扬我，夸我脑子机智，夸我来公司的第一个创意就这么棒，夸我这个年轻人不一般！

后来的结果，我想你们也能猜到，我当然死得很惨了！当我自信地抢先说完了我的创意，期待地看向我的领导的时候，得到的是一记淡淡的回应："这个是 2000 年魁北克创意广告已经做过的，那个比这个到位。"

我如遭雷劈地呆愣在原地，没等我缓过神，领导的下一句话，令我整个人都没了灵魂。领导淡淡地又补了一句："刚工作想不到创意可以理解，抄袭就不好了。"之后的话我也不知道她还说了什么，我只知道自己百口莫辩，也无可辩驳。

创意的确是靠脑子，但是经验也是必不可少的，只有你看得多了，听得多了，你满脑子都是各种创意、各种成功的不成功的点子，你才能创造出更多更好的。我曾经以为，我看得多了，脑子不就被限制住了！其实不然，人类发展这么多年，早在奴隶社会就已经出现了广告的雏形，什么样的创意都可能被想出来，你以为你的想法是独特的，其实可能就是很普通的一个。

这件事情之后，我陷入了自己给自己挖的坑中：因为这么个“抄袭”的创意，让我的领导总是多看我一眼，每次的方案她总是不放心一遍遍地找毛病，我却只能耐着性子站在旁边像是被脱光了一样被检查。

所以，第一个教训就是，初生牛犊不怕虎，但也绝对不能不服“经验”。

第二个教训，我现在告诉你，绝对不能和领导说实话。

有人开始质疑了，什么？这是让我说谎？必然不是啊！这是在救你的命。真的，我吃过这个亏，现在我给你娓娓道来。

我是小地方来的人，人想得也少，俗语称，比较实诚。这个是我长教训的一个前提。另一个前提是，我有两个领导，一男一女。女领导整日板着脸，不苟言笑，私下人称“长白山”；男领导呢，性格比较谦和，永远乐呵呵的，永远那么亲切没有领导架子，私下人称“许乐呵”。

这两个前提导致了，我把在“长白山”那儿受的气都倾诉给了“许乐呵”。“许乐呵”也比较爱倾听，看到我们情绪上有波动，三不五时地找我们聊聊天，化解下我们的情绪。我心里常常暖暖的，也就知无不言、言无不尽……

我的悲剧就这么开始了，这份工作三个月实习期之后，我并没有被留任转正。几经辗转我想法子看到了我的转正评估表。“长

白山”给我的评语是：工作较为认真，可考虑留任。“许乐呵”给我的评语是：个人情绪不稳，抱怨较多，服从性差，不予留任。我一时之间难以相信会是这样的结局。

我又多思考了一下：这三个月，我说得太多，我的软肋就暴露得太多，“许乐呵”越了解我，就越知道如何操控我，最后连自己是怎么死的都不知道。如果我不知道真相，我想很长一段时间都会怨念一定是“长白山”看我不顺眼才不让我转正，然后还乐呵呵地和“许乐呵”倾诉，那自己不是和傻子一样了！

从此我知道了，跟老板永远不要说太多，他要的是你的工作，不是你杂七杂八的情感和家长里短的抱怨。

以上就是我要致敬我的第一份工作所带给我或者说是赐予我的教训：其一，千万要服经验；其二，千万不要跟老板称兄道弟，老板就是老板。第一份工作就是长教训的，不要奢求过多，它给你的痛苦，都是日后的珍宝。

3. 未来的你，一定会感谢现在拼命学习的自己

虽然上一篇，我已经透露了我悲惨的第一份工作的结局，但还是要讲一讲那段时间发生的一些小故事。

小的时候最喜欢的事儿，就是期末考试之后，把那些教科书狠狠地丢到角落，想着永世不再相见！我毕业之后，把书在学校跳蚤市场卖了个精光，然后想着，老子终于不用再学习了，去你的英语，去你的传播学吧！但是现实很快就打了我的脸，而且，很响。

上班没多久，我们合作了一个外资企业客户，“长白山”安排我去协助对接。我想着总不能一个翻译也不带着吧。我抱着侥幸心理，硬着头皮去对接了。结果，和你们猜到的一样，真的就没有翻译，我用尽了平生所会的所有英语，勉强保持着低效率的沟通。

我当时的懊恼难以言表，为什么当学生的时候，不好好学英语呢？要是好一些，我也就不用一直用 yes 和 ok 撑一整场的对话了。我英语这么差总是要改善一下才比较好，不能再这么差下去了。我开始捡起英语书，重新学起了英语。我被现实狠狠地打了脸。

除了英语，我发现自己和这个行业的高阶差的不是一点半点，不仅仅是一个魁北克创意广告的距离，大概差了好几个太平洋吧！还是要说说和这个“许乐呵”男领导之间的事儿。

我发现仅仅大我三岁的“许乐呵”不仅熟知世界各地的各种电视广告，而且他的创意都很有突破性，经常是我想破头皮也想不到的。我就开始观察，我发现只要是闲下来的时候，“许乐呵”都在看书，专业的创意书和那两年特别流行的博弈论等他都有涉猎。饭后闲暇之余，他就在看各种广告，在网上找各种有意思的创意视频。

他那个时候就已经瞄准了植入市场，开始研究植入模式和手段。我很惊讶“许乐呵”对于业务的认真和对行业新趋势的把握近乎执着。这也使得他的创意往往是最出彩的。

前面提到的植入市场，后来他自己创业，做植入。请看当今令人发指的植入广告，那些年这东西让“许乐呵”也猛赚了一笔。

这时候我意识到，人真的是活到老学到老。他的这些才华显然不是上学学到的。如果他就像我一样放下书，大喊“毕业了再也不要学习了”，我想那他一定不会成为现在的他。

三年之后，我也想成为一个比现在的自己还厉害的人，想要比“许乐呵”还厉害，那么我能做的也只有学习了。

学习是一个很宽泛的词。跟大家汇报一下，毕业这十年，我都学了啥。一是英语，我的英语从半吊子到了看美剧不用字幕，用于交际已经足够了。二是游泳，我曾经怕水，但是一次我花了三天的时间看着一个游泳池以克服对水的恐惧，后来我终于用了两周的时间学会了游泳。三是即兴喜剧，我坚信这个是挖掘我创造力的很好的方法。我是个做创意的人，创意为王是我的职业生命。四是剑道，我一直想学一项运动，剑道是我觉得优雅而有竞技性的运动。五是书法，但凡是心不静的时候，一笔一画地练字，成了一件可以调节心情、陶冶性情的事儿。

还有一些零零碎碎的，比如做饭，比如弹吉他。这些是年轻的时候一直想做，后来没做就搁浅了的，现在我也捡起来，当作是个爱好。

我学的东西比较杂，但是我一直在学，才成了今天的我。

工作了也不要忘记学习，这不是你的任务，而是我走过这些年想要告诉你的一个经验。所以你们可不要说出再也不学习这句话，免得把脸打得啪啪响。

可以学的有很多，不局限于知识，可以是技能，可以是特长，只要你有兴趣，无论是什么，就去学啊！总有一天你学会的会帮助你，从来就没有毫无用处的知识。

关于只要你有兴趣就去学这句话，我有个生动的小例子。我

刚才说了游泳、剑道、喜剧等，我没有说的是，我还有一项技能。我会哑语，学会这项技能的过程比较漫长，我不赘述，我只说说学会了它之后，我的生活的一点小变化。

一次在上班的公交车上，身旁有两个人比比画画用手语说着什么，我无心一瞥，发现这两个人竟然肆无忌惮地用手语商量要行窃的目标。我很震惊，本能地想远离这两个人。可转念一想，不行，我走了就没人能意识到这两人是公交扒手了。我壮着胆子悄悄尾随着这两人，挤到他们要下手的目标女孩身边，紧紧地贴在了她身侧的皮包旁。当然结果是我遭到了女孩还有两个“壮士”的白眼……后来这两人就下车了，大概是因为第一次尝试没成功觉得晦气了吧。

看，这是多么成功的一次经历！不知道是不是有人要说，为什么不把这两人送到警察局？为什么不伸张正义？我也是听过一些抓贼不成反被暗害的例子。鄙人不才，胆子还是小，想着命比钱财还是重要一些的。

老话“学无止境”和“活到老学到老”讲的就是这个理儿，你可能觉得这话太老气，像是老生常谈，但是这可都是我活生生的例子啊，要不是工作之余的自主学习，我大概还是只能用 yes、no、that’s amazing 完成我所有可能遇见的中外对话。所以你们可千万不要重蹈我的覆辙啊！

记着，工作后也不要忘记学习啊！学无止境……

4. 你的谦逊不能毫无底线

很多人在第一次进入职场或者说进入一个新的环境的时候，第一个动作常常是表达友善。表达友善的方式通常是韬光养晦，主动示弱。但是，示弱可不是适用于职场生存的好办法。

记得我提到我的第一份工作，在第一次会议就惨遭痛批之后，我学会了一个技能，叫作“不能太自信”。所以我开始变得很谦虚很谦虚，以便给自己留个后路。有多谦虚呢？大概是这样。

一日，我的黑脸女领导“长白山”问我：小金啊，新媒体这块你了解得多不多啊？

我一听心想，我了解啊，我就是学这个的啊，这和我专业对口啊！但是一想要谦虚，我不能这么说，得给自己留个后路，于是就答曰：领导，我不太了解，学得也不好，领导你多教教我吧，我虚心好好学！

多完美的答案！结果“长白山”把头一歪：这样啊，本来这

个项目我觉得你做合适，毕竟你是学这个的。你不太了解啊，当初招你进来就是看你对口，看来你这成绩不咋样啊，唉，这可不好办啊。

天啊！我内心无数只草泥马在奔腾啊！这“长白山”之前觉得我抄袭，现在觉得我成绩差，什么都做不好。我的形象看样子一时半会儿是好不回来了。

大家知道后来发生什么了吗？后来，我在“长白山”眼里的形象真的扭转不过来了，“长白山”看待我就像是看待一个小孩子，公司里所有会议，她都要求我参加，美其名曰：多学一学，你底子差。然后很长一段时间里，我都在做着各种杂事，比如碎纸和买咖啡，相当长的一段时间里，我没有被分配独立任务，大概在“长白山”眼里，我比一个实习生还不如。

后来我发现了，在职场上，你可以谦虚，但是谦虚到了示弱的份儿上的时候，你就是作践自己了。因为，绝大多数的情况下，你的示弱在别人看来是你真的不行，而不是你谦虚。

为什么呢？这就要说人的两个本性了：一是自我优越心理，二是好为人师。自我优越，这个很好理解，很多人都以为自己很厉害，以至于看不清楚别人是在谦虚奉承还是真的不行，出于对人性的不信任，他们大多相信你是真的不行。好为人师，这是个很多人都有的问题，当别人主动示弱、寻求帮助的时候，很多人难得有当老师的机会，就会摆出老师的姿态，指点你，从而优化自己的自我优越心理。

我的女领导“长白山”同志，当然是好为人师者了，她是我的领导。而且，凭良心说，她是真的挺有水平，大家也很佩服她，所以好为人师在所难免。

说回我们的主题“示弱不是生存的好方法”。我记得小时候听过一个故事，是关于东北亲戚家的一只狗的。说是很多年前，东北山里还有东北虎出没，亲戚带着自己家的老狼狗上山采野菜，不知不觉走进了深山。突然听到周围有声音，狼狗警觉地到处看，亲戚抬头找了半天，看清草丛里的影子，不禁后脊背发凉，吓出了一身冷汗——那是一只目露凶光的老虎！身边的狼狗紧紧地盯着老虎没有作声。老虎慢慢站起来，一人一狗，谁都没敢动，亲戚一闭眼，心想完蛋了，连狼狗都吓住了，自己算是完了。后来亲戚说，那时候真的感觉快要尿出来了。

突然之间，狼狗像是失心疯了一般朝着老虎狂吠不止，挠地龇牙作势要冲上去。老虎愣住了，不敢向前，一虎一狗对峙了起来，突然，老虎慢慢向后退，转身走了。

亲戚瘫坐在地上，狼狗也泄了气，在主人怀里呜咽，也像是吓坏了。这故事后来传得神乎其神，不过，我想那应该是一只年轻的幼虎，那时候估计就是被亲戚家狼狗的气势唬住了。要是这狗主动示弱后退，怕是下一秒就要被老虎撕碎了吧。

动物如此，人也是一样。在职场上，你的气势输了，就真的输了。从一开始你就示弱，那么你还不是要被如狼似虎的同事、领导撕碎了？

有的人说，那不行啊，不示弱，可是你真的不行怎么办呢？

我这里说的不是你不行，还要打肿脸死磕，那是另外一种情况，我下一篇就讲。现在的情况是，你是可以的，你可以谦虚，但是如果谦虚到示弱，这就过分了。

或者你也许也不确定自己行不行，但是呢，有一句话叫“输人不输阵”。我们的气势要足，我们唬住了对方之后，赶紧低头补足缺口，暗度陈仓，不留破绽。

职场上有很多法则，其中有一个很重要的就是要相信自己，谦虚是礼貌，示弱可就是你真的㞞了。你可以工作经验不足，可以工作不熟练，这些都是技术层面的。但是示弱认㞞，这个精神层面上的，你要是想这么做，我也救不了你。有一种人叫“职场便利贴”，可能就会是以后的你噢。

对了，啥是“职场便利贴”？往后看吧，我慢慢道来。

5. “不懂装懂”比不懂还丢人

之前有人问我：职场上如何优雅地表达自己不懂？我回忆了一下我的血泪史，回答道：你只需要很坦然地说，我不会。

现在又到了我要分享血泪史的时间了。年轻的时候爱面子，比较容易会犯不懂装懂的错误。在我的第一份工作中，我就吃过这样的亏。现在想来，我的第一份工作也算是多灾多难，由衷地感谢那个包容我的公司。

不知道大家还记不记得“许乐呵”，就是我那个俗称笑面虎的老板。上班第一天，“许乐呵”问我，会不会冲咖啡，我就在想，冲咖啡可能和冲奶粉差不多吧。主要也是不好意思说不会，就有些心虚地说，会啊，会。“许乐呵”一笑，那你帮我冲杯咖啡吧。

讲真的，那一年，我大学刚毕业，脑子里的咖啡都是速溶咖啡，冲一下就好了。这个想法在我看见咖啡机的那一刻崩塌了。

那个咖啡杯我现在都记得，棕红色的像个漏斗，后来我知道了那是手冲咖啡。

我看着这个“漏斗”深深地吸了一口气，长长地呼了出来，拿起来试图自己搞明白。那些年手机搜索还没有现在这么方便，我是真的不知道这个漏斗和那杯苦咖啡有什么关系，研究了半天，台子上满是水和咖啡粉，黑乎乎一片，也没有一丁点进展。

后来正当我手足无措，打算放弃回去打脸跟“许乐呵”坦白的时候，一个快三十岁的女同事过来了，瞟了一眼桌台又看了看脸涨得通红的我。我猜想她大概是要说我连咖啡都不会冲吧，我尴尬地笑笑，不知道说什么。

结果她一笑说，这东西我前两天才学会，不好弄得很，你让我练练手呗。我如获大赦一般地赶紧点头说，好，好啊！麻烦了。

后来看着同事姐姐娴熟的手法，我知道她只不过是想帮我，而又好心地顾及了一个刚毕业的大学生薄如蝉翼的面子，心中感念万分。

那件事之后，我就彻底地抛弃了不懂装懂这个面子工程的基本技能。不懂装懂，只会让自己更窘迫。我永远记得那一天，我站在“漏斗”前看着时间一分一秒地过去却手足无措的尴尬。那时候我就发誓，以后不论面子不面子，都不能打肿了脸充胖子。

但是！总是有个但是来搅乱你的计划，有的朋友要问了，生活上我坦然地说我不会了，无论是冲咖啡还是泡茶甚至是吃西餐都无所谓，工作上，我要是也这么坦白会不会有不好的影响啊？

我的答案是，影响当然有，但是绝对比你不懂装懂之后被戳穿来得要温柔得多，毕竟有句话叫作“丑话说在前头”。

我给大家讲讲我血泪史的第二章：工作上的教训。

虽然咖啡事件教训了我，让我决定不能不懂装懂，自己不行的事儿就是不行。不过，工作上面还是有很多时候是身不由己的，还是有很多情况，你要硬着头皮说：“领导，我可以！”

那个时候我心里有一句“鸡汤”一直支撑着我：你不逼自己一把根本都不知道自己有多优秀。

那是一个植入项目，在我跟做了几个植入项目之后，领导觉得时机差不多，让我做一份关于一个电视剧的通案，时间只有一个晚上。

我一想，存在两个问题：一是每次做小组的项目时写通案的人都不是我，这表明，我从没做过通案；二是时间非常紧迫，只有一个晚上，凭我对自己的了解，一个晚上不够我做一个方案出来。综上，我深知自己应该难以应付这个任务。

但是，我想到了那句“鸡汤”，我得逼自己啊，不然怎么能知道自己有多优秀呢！于是决定逼自己一把！

我应承下来，喝了三杯黑咖啡，开始了我的一次冒险。过程出乎我的意料，我发现，原来做通案比我想象的要难得多得多，我只有一个晚上，不仅时间不够，而且我业务又不熟练，以至于天都快亮了，我的通案看起来还是杂乱无章，毫无重点。

再后来，我顶着油头，带着我那份奇丑无比且没有内容的通

案来到了公司，好像是提着我自己的头来的，我是没打算活着回去。后来领导大发雷霆，自己做了个 PPT 赶着下午去提案了。不用问，结果当然很不好。

事情的最后，鸡汤变成了毒鸡汤，很多时候，你不逼自己一把，就不知道，自己还有把事情搞砸的本事。

那次之后，我发觉工作上的很多事情，真的是知之为知之，不知为不知，若把不知为知之，难堪的只有自己。

其实，对于我们不知道的，我们只需要坦然地说“对不起，我不知道”，或者“对不起，这个不在行”就可以了。然后表达自己好学的决心，我可以学，我可以很快地进步，重要的是你的态度，哪个领导同事能够苛责一个诚恳而又勤奋的人呢？

千万不要不懂装懂，这样只会把自己推进进退两难的境地；不要打肿脸充胖子。不会，没什么了不起的，年轻人，不会就是不会，去学就可以了嘛！是不是？

6. 爱情来得太快，就像龙卷风

爱情，是个美好而亘古的话题。不知你们经没经历过，我今天就要跟你们聊一聊职场上的爱情。

很多人，在进入工作之后人生也进入了求偶阶段，具体表现为，爱情雷达开启，并且非常灵敏，严密监控方圆三公里以内的择偶受众和情敌，广泛撒网，各个击破。

对于择偶，很多人会在自己的生活和工作范围内寻找异性朋友，最常见的是工作单位。对于这样的做法，我的理解是，职场恋爱头脑要清楚，具体情况具体分析。

我有个男性朋友，长得不错，个子很高，从小到大女性缘特别好。在一家很有前景的大公司工作，领导看好他，工作上升空间也很大，可以说是前途一片光明。

一天公司新来了个女孩，长得也真是不错，是男孩子见了

都会多看几眼的那种。我那朋友和这个女孩认识了，郎才女貌，一下子就看对眼了，天雷勾动地火，两人就恋爱了。

不是我叙述的速度快，而是他俩就是这么快。认识一周两人就在一起了，确切地说是五天半，两人就已经在一起了。然后，我这重色轻友的朋友就消失了。我理解，想必这是又坠入爱河了。

那些年，周杰伦的《龙卷风》刮得满街都是“爱情来得太快，就像龙卷风”。关于爱情，虽然我经历得少，但是能理解他的行为。

后来，我再见到他是三个月之后，整个人像是患了一场大病，憔悴得好像老了十岁。朋友说，他们分手了，他工作也丢了，现在是个失恋的无业游民。

我打趣道：你这爱情来得快，走得也快啊！分手就分手，工作怎么还丢了，难不成你泡了你老板的女儿？

朋友苦笑道，当然不是，我们分手了之后，公司里的人都觉得是我这个花花公子太花心，觉得我祸害了人家女孩，我在这公司待着也别扭，就辞了。

我一听，人家想得也对啊。这个朋友，从我认识他开始，就没正经谈过恋爱，都是玩一玩就分手，可不是花花公子么！但是他失恋也从来没有这么颓废过啊，难道是动了真情？

朋友苦笑，也没有，只不过是遇见个更高的对手，棋逢对手，两败俱伤。他也没想到这个姑娘竟然能让他还挺动心，分手了这么难过不讲，自己的事业也受到了打击。

对于他的遭遇，我只能说很大程度上，是他自作自受。我从来不反对职场爱情，但是，不是职场玩玩看。今天是他遇到了对手，他受到了打击，连工作也没有了，那以前他的那些前女友受到的伤害谁来买单？所以说，出来混，迟早是要还的。

这就是我的态度，职场上，如果你谈恋爱是要找一辈子的伴侣，并且还遇到了，那么这一份工作又算得了什么呢？两个人在一起才更重要。后来，我的朋友在另一家公司找到了份差不多的工作，但是怎么都不顺手，升职加薪也是不顺利。他无数次地跟我说，他还是挺后悔的，如果再有一个机会，他是绝对不会谈那场恋爱，不会离职的。

突然感觉到自己的言论有些玷污爱情的美好了，难道不结婚的爱情都是耍流氓了？过程不是美妙的？当然美妙！美妙极了，所以我才说，要三思啊，如果你觉得，爱情的过程大过一切，可以为了一段美好而失去很多重要的东西，那么你三思的结果就是要为了爱情义无反顾，那我当然支持。比如，我很喜欢看《燃情岁月》这部电影，那是一个荡气回肠的爱情故事。

我在上班工作的时候，也曾经有过那么一个两个心动的女孩，但是我的公司有个不成文的规定，不允许员工之间谈恋爱。我有心多看了几眼人家姑娘，姑娘回赠给我几个白眼。我一想也对，我不能为了自己的私欲毁了姑娘的前程，也就作罢了。

后来，我想，要是那时候，我看到一个姑娘，看了一眼就觉得这就是未来老婆！我要娶的就是这姑娘，那我就冲上去！死就死得壮烈，哪怕最后我并没有得到姑娘的橄榄枝，也足够了，毕

竟我做过。这大概是我看过几遍《燃情岁月》的后遗症吧，你们也理解下，虽然我老了，想想那些年，心还是很青春的。

我所谓的三思基本上就是这个意思了，先确定这是不是你想要的爱情，如果不是，还是安心工作吧。每一份工作都得来不易，先珍惜自己的前途；爱的人会来的，骑着白马或者踏着七彩祥云。

如果这是你想要的爱情，无论结果如何，你想要去体会爱情的美好，那么请你骑着白马或者踏着七彩祥云，义无反顾地去吧。不要后悔你做过的事儿，因为没有做，才真的会后悔。

职场爱情，请三思，再决定，爱或者放弃。

7. 不做职场“便利贴”

在我工作了几年之后，有个偶像剧火遍了大江南北，就连我一个男人都听说了，讲的是个“便利贴”女孩的故事。我看了下梗概，大概就是“便利贴”女孩的成长史。“便利贴”女孩不再是便利贴，靠的是帅气多金的男主角；我们如果变成了职场“便利贴”，好撕不粘手的话，能得到霸道总裁垂怜的可能性应该不大。所以，既然没有天使和王子解救我们，唯一能做的就是我们不要成为职场“便利贴”。

“便利贴”的生活是比较单调而辛苦的，我来给大家阐述一下。是的，我又要说我的血泪史了。

我不是一个老好人，但是，我确实是个脾气不大的人，因为我觉得很多时候没必要动气，没必要计较，没必要活得那么累。所以，无论大事小情，我都能笑着应对，当然主要也是心大。

我这样，自然就有很多人以为我的脾气真的很好，就是传说中的软柿子啊！有了这样的认知，很多人便开始尝试让我帮助他们，比如，做个文案、做几个图，这些都是我能忍的，还有一些我不能忍的，比如打印文件、总结会议记录，甚至是碎纸！

我是念在我刚进公司没多久，人情世故了解得不多，一直隐忍着，想着过一段时间就好了——但是！所有的故事都会有一个但是，我的但是就是，我并没有盼来我想象中的好日子，而是愈演愈烈。到什么程度呢？这么说吧，你帮助别人，别人是要带着感恩之心的，但是当得到你的帮助成为习惯的时候，你做的就成了理所当然，你偶尔的拒绝反倒成了不应该，好像是你懒惰不愿意完成工作，所有人都忘了这些本来就不是我分内的事情。

当我和我的一个女性朋友聊这个话题的时候，她惊呼："你是'便利贴'啊！"我不明白，她解释说："你知道'便利贴'就是好用，撕掉又不粘手。你对任何人都有求必应，那么方便，你不是'便利贴'是什么？"

我慌忙地解释说："我只是脾气好一些罢了，我不习惯拒绝别人，也不好意思拒绝别人。"

朋友冷笑道："你还真是人好，你不好意思拒绝他们，怎么不想想他们怎么好意思开口麻烦你？拒绝吧，反正能肆无忌惮地麻烦你的也不是什么好人。"

我一想也是啊！我何必为了一点和气，让自己承受这么多呢？我不是软弱，只不过是懒得拒绝别人，结果就被当成了"便利贴”，还真的是气不过。

所以呢，你们啊，都不要活成“便利贴”。

不能像“便利贴”那样，太好用，撕掉还不留痕迹；首先你就要，不好用。

我第一次尝试拒绝别人的时候，心里也是打鼓的。我第一次拒绝的是帮助一个爱撒娇的女生整理文案。我们开过会之后需要形成文字，这是挺枯燥的一项工作，女孩自然是不爱做，就想撒个娇甩给我。

我本想就帮忙了，毕竟一个女孩细声细语地跟我说话，我心也软，但是后来我一想，不行！这不是第一次了，女孩采取手段使我傻乎乎地就范，然后我就任劳任怨地帮她的忙，自己也是真的有些傻了。

我很好脾气地给她展示了一下我的工作是多么多，并且委婉地拒绝了。我自认为是委婉的。但是，女孩看不到，她只觉得是我拒绝了她！她一下子恼了。

她大概没有办法接受一直好脾气的我突然有了脾气，但是，我就有了脾气。看着有些恼怒、收起了细声细语换上了冷冰冰声音的她，我本来的恻隐怜悯之心顿时全无，坚持自己真的不会帮她做这份工作。

女孩气鼓鼓地走了，我心里有些愧疚，毕竟这是我第一次很正式地拒绝别人，但更多的是胜利感，我终于不那么像“便利贴”了。

我的经历果然是不那么美好，有些血泪史的感觉了，所以我要告诉大家的不是如何摆脱“便利贴”的标签，而是从一开始就不要做“便利贴”！

不当“便利贴”有一个好方法，在这里分享给大家。

你要爱上发邮件，任何事情都要通过邮件来解决。你要意识到，工作时间做本职工作是公司对你的要求。当有人寻求帮助，你又不好意思拒绝的时候，你要跟他强调：我的工作比较多，我可以帮你，但是如果我帮了你，我的工作可能会慢，会影响整体的进度。所以麻烦你，发一封邮件告诉我需要帮助你做什么，抄送给我的领导，让他知道我的工作做不完不是因为我偷懒，而是因为我乐于助人。

你相信吧，只要你养成发邮件并抄送给领导的习惯，来找你寻求便利贴帮助的人会大大地减少。而且你乐于助人，办事周到，说不定还能得到领导的好评。大多数人听说还要抄送领导，哪里还敢偷懒了是不是？

所以啊，珍惜自己的劳动成果，爱惜自己的工作，努力完成本职工作，有原则地帮助同事，不做职场“便利贴”。

8. 上帝给你关上了门和窗，试试给他发个微信

看到一句毒鸡汤："上帝给你关上一扇门，然后洗洗睡了。"

洗洗睡了可不行啊。上帝要是给你关上了门，然后你就洗洗睡了，你睡醒了会发现，门还是关着的；但是，关了你的门还有窗啊，上帝要是关完门就洗洗睡了，你就去敲他的窗！要是上帝关了门和窗，你就试试给他发个微信。实在不行，还有别的办法。

有些戏谑，不过就是要这样啊，你说不行了我就放弃了，不行，我觉得我还能再拼一拼，是不是？

我的第一份工作中有件事，我一直记得。时至今日，我仍感谢当时坚持的自己。话说得有些矫情，但是我还是佩服那个时候的自己。

我对人生中第一次提案，记忆犹新。在连续高强度加了四天班之后，我终于做出了自己的提案，身体和精神几乎到了崩

溃的边缘，第二天早晨，我要完成我人生的第一次提案。

我的语言表达能力没有问题，但是确实是没有在客户面前介绍方案的经验。在预演了无数次之后，我终于坐在了客户的办公室里，坐在大屏幕前面，我唯一还记得做的事情就是微笑。

恍惚了许久，我终于记起了我该干什么，我看着PPT，试图清晰地讲解。但是不知道大家有没有这种经历：不看PPT的时候，你还可以记住要点，但当你不断地参考PPT想要找到你想要表达的提示的时候，眼前的文字犹如乱码一般让你找不到任何重点。我只能凭借自己的记忆力词不达意地讲解自己的创意。

对了，那一天我带了一个实习生去，我从实习生关切的目光中看懂了我到底表现得有多糟糕。很多人质疑，为什么我的第一次提案，没有其他的同事陪同，只有一个实习生？我以为，这应该是那时候公司业务太多，但是后来我知道了答案。

基于我的表现，还没有讲完我准备的东西，客户的领导接了个电话，再也没有回来，我识相地越说越少，最后匆匆地结束了提案。

我提着我的包走在客户楼里的时候，心中特别懊恼，我不明白为什么自己准备了那么多，还是会紧张，也不甘心第一次提案就这么结束了。我越走越慢，越走越沮丧，实习生是个大四的姑娘，小心翼翼地问我，要不我们再试试？

我一想，怎么可能呢？我有这个经历，客户还没有这个时间呢！

女孩又问，咱这次就算是完蛋了吗？

算啊，怎么不算，我就是完蛋了啊！我心一惊，反应过来，我第一次提案就这么废了啊！领导那么信任我，这个方案那么重要，我竟然搞砸了，我怎么可以这么无能！这次失败了领导就再也不能信任我了！

我越想心里越憋得慌，最后一狠心，站住了，跟在后面的实习生差点儿撞在我身上。我一咬牙说道，走，回去！小实习生赶紧跟着我往回走，好像我们两人是去参加一场冒险。

当时我也是执拗，我径直走回去，没有和前台打招呼，直接走了进去，一路上我脑子里不断地回忆所有的重点、我们的优势，我一定要跟客户表达好，就算今天不会签，我也要再多一个机会。

我走进去，找到了当时提案的小领导，没有说话，直愣愣地一直看着他。小领导被我看得愣住了，连问了我三遍，你要干什么？

我下了许久的决心，跟他商量：能不能给我个机会重新讲一遍，他要是觉得我行就推荐给大领导；如果不行，我就回炉重炼。

眼前的小领导，年龄不大，也是年轻人，看着我想了好一会儿，最后决定，给我个机会再讲一遍。

我快速整理了思路，连电脑都没开，直接口述，因为我太了解这个项目了，这是我这段时间的心血，只要我不紧张，我倒背都可以。

后来的结果像是所有好莱坞大片的结局，我的执着终于感动天地，我终于又给大领导讲了一遍。兴许是客户看我执着或者是

看我傻，竟然直接和我签了合同！我像是一个功臣一样回到公司，自己偷着乐了很久。

我的结果很出乎领导的意料，我也终于知道了为什么是我单枪匹马地去提案。因为这个客户，公司并没有抱希望，只不过是一个意向，结果我竟然拿了下来，让“长白山”大跌眼镜。

后来我因为这一战成名，终于扭转了之前通案事件的负面形象，也终于告别了端茶打杂，真正去做一些有挑战的事儿了。

看，这就是我的故事，上帝给我关了门，我就去敲敲他的窗。我当时也是执拗，只知道我的第一次提案绝对不能输，第一次失败了，这将是我记一辈子的事情。当然，那一天的勇敢，也成了我记一辈子的事情，那一天我勇敢地踹开了上帝的门。

所以，当你发现上帝残忍地堵上了你的门，又关上了你的窗，别着急，试试给他发个微信呗。

9. 人苦不一定要过苦周末

在这个周末给好朋友设计文案加了整整两天班之后，我决定和你们这些年轻人，来聊一聊一个轻松而愉快的话题——周末。

这几年，我陆陆续续参加过一些面试，我是说，我面试别人。每次面试，总是要问道：你如何看待加班？你可以加班么？

回答这个问题的孩子大多都给出了这样一个吃亏的答案：可以啊！我平时都没什么事，可以加班啊！公司需要我，我就可以加班。

一般回答这个问题的孩子都面带真诚而朴实的微笑，让我不免想跟这些孩子说一句：傻孩子，你们不想好好过个周末么？

忙碌了一周了，你们值得有个舒舒服服的周末。没有人有光明正大的理由打扰你们的休息，不要让工作剥夺了你们的周末。

有些人就要问了，那这个问题我们要怎么回答呢？今天我站在面试官的角度给你们一个好的答案。

如果真的有面试官问你这些没创意的问题，请你保持微笑，毫不怯场地告诉他：首先我不反对加班，我可以加班。但是事分轻重缓急，如果是真的重要且很急的事情，我以公司利益为重，毫不犹豫地加班；剩下的不紧急的事情，如果必须是我，那我可以牺牲个人时间；如果不是必须是我，而且又刚好在个人休息时间有相对重要的事情，那我会和领导好好说明情况。

如果面试官就是那么难缠，又问你：如果你在休假，你的领导要你回来加班，你怎么回答？记着，一先问领导事情有多急，二问是不是一定是你，剩下的就要靠你自己来判断了。

最理想的情况，周末有两个作用：一是对工作日的犒赏，就是养精蓄锐应对下一周的工作任务；二是用来加油补足工作上的漏洞。只有用别人休息的时间来进步，你才能把你落下的补上来，或者去落下别人，不是么？

我做过很多份工作，自然也有很多个离开的理由。在我的众多的工作经历之中，其中有一份离开的理由是我真的没有办法负荷那么多的加班，特别是无用的加班。

我是一个有原则的人，加班原则上是可以接受的，但是我拒绝无条件、无效率的加班。我当时在的那家公司，经常需要开会，头脑风暴去想创意，但是直到那时我才发现原来不是所有人都是会头脑风暴的。那家公司里面女孩比较多，我们的话题经常会被各种各样的东西带跑。

我给大家讲述一下，女孩的聊天思维是这样的：

领导：今天，我们讨论下，这个剧，我们怎么把某某车植入进去。

女孩一：男主角、女主角和男女主角全家都开这个车呗。

领导：这个是肯定的，我们来想一下有没有什么巧妙的。

女孩二：加一场订制，差点儿出车祸，车刹车系统很好，及时地停住了。

女孩一：你这也太狗血了。

女孩三：这不狗血，你没看那个韩剧，那里面，有个女主直接撞飞到天上去。

女孩四：欸？那、那个结局怎么样了？男女主角在一起了没？

女孩二：在一起了啊，男二死了，为了女一死了，女二和男三在一起了。

女孩一：这都可以？那个女二长得真的是……我不喜欢她的长相，不过那个剧，女二挺会穿的。

女孩三：哪套啊？我觉得一般啊。

女孩二：就那个粉色的、到膝盖的，她勾引男主那场戏的那个裙子。

女孩四：我也觉得那个好看，我知道那个是什么牌子，我好久没买衣服了，我们周末去逛街吧，咋样？……

我和领导：……

看出来了吗？这就是我所谓的无意义加班，这样的加班导致我经常凌晨才到家，或者在公司睡沙发。

两个月之后，我毅然决然地离开了这家据说很有前景的公司，虽然妹子很多，但是我义无反顾。

所以啊，年轻人，还是远离加班、善待自己的周末吧。

我来说说我是如何善待我的周末的。

首先，我不会去喝醉的饭局，因为宿醉会毁了我的一整个周末，整个周末都在缓解宿醉的难受之中度过。然后，周末我大概会做以下这几件事情：适当地睡个懒觉，看几十页喜欢的书，打三局游戏，上一门三小时的英文课，健身两小时，剩下的时间用来发呆和散步，或者找三五好友小酌，请注意，是小酌，不是撸串拼酒。

我一直知道我是一个苦哈哈的北漂，但不代表我的日子就一定要苦哈哈的；我是一个苦哈哈的加班广告“狗”，但是不代表我要贡献我的每一个周末给我钟爱也可以说痛恨的事业。我不无条件地加班，我也要有自己的时间。

为什么我要跟你们说，要善待自己的周末？因为我坚信，不同的年龄，不同的时间，走在路上看到的阳光都是不一样的。我赞同年轻是拼命工作的年龄，但是我不赞同年轻时所有的时间都用来工作。你们需要时间来享受年轻的阳光，不是吗？不然老去之后，看到什么阳光都像是黄昏的夕阳了，又有什么意义呢？

孩子们，请善待你们的周末吧！当岁月流逝，我希望你们想起更多的是年轻时那些无忧无虑的时光，而不是无尽的加班、加班和加班。

10. 我的第一次离职，很快很“娘”

上班第一天之后，匆匆三个月多过去了，我迎来了自己的第一次离职。三个月的时间没有被转正，我已有了些思想准备，所以走的时候也算是从容。

好面子地说，我自己想不想走？想的。当工作了第一个月的时候我就怀疑，这份工作适不适合我，我到底喜不喜欢。在又坚持了两个月之后，我确信，这个工作是我喜欢的，但是不是我想要的，我应该要换一个适合自己的地方继续现在的工作，简而言之，我想跳槽。

但是，现实往往容不得你矫情，它会狠狠地打你的脸。

正当我在悠闲地琢磨，转正了之后攒点儿钱去旅游，琢磨什么时候是跳槽的好时节的时候，好消息到了，我并没有被转正，原因我一开始就说过，“许乐呵”投了关键的一票，我就失业了。

离职之后，有两件事儿是我想要和你们分享的。先说第一个，叫作离别。

我的散伙饭是在我抱着东西走的那个下午。我是个人缘不错的人，大家也都舍不得我，加上与“长白山”的积怨已久，大家决定不加班来给我弄个热闹的散伙饭。因为那时候，大家和我一样都以为是“长白山”从中作梗，而且大家也都不爽“长白山”的冰山脸很久了。

我的散伙饭就在地铁站附近的一家烤鸭店开始了。两张大桌子拼在一起，坐满了人。那时候我心情很复杂，一方面很自豪自己的好人缘，另一方面又担心自己的生活，毕竟我才吃饱了几个月，还没脱贫。

那个散伙饭局上，在我记忆还清醒的时候，听到了一些很有道理的话。我想要和你们分享。

“别急着想证明自己。”这是一个大我两岁的同事告诉我的，我想这是对的，刚进入公司我就是太想证明自己了，接二连三地出糗。不知道大家还记得不，我想的广告方案，撞上了魁北克的创意；之后我不逼自己就不知道自己还能搞砸的提案 PPT。还有一些我没有跟大家说过、急功近利却搞砸了的。这些事情都让我感觉到，别急着证明自己，时间会证明一切。

“开心的事儿记着，不开心的就忘了吧。”这是隔壁部门的一个大哥说的话。他天性乐观，据说做生意赔了才重新起步的，他原话是说：“谁都有第一次，以后还要工作几十年，不能让一个事儿难住。好事儿要记得，想起的时候让自己乐和乐和；不好的事儿忘了，记着它干吗，工作那么苦了，记着点儿好，就行了！”

挺长的一段话，我想也是这么回事，不开心的放心里干吗呢，不论是“长白山”还是“许乐呵”，都是我生命中的贵人，没有转正是有更好的事儿等着我呢。

“绝学无忧。”这句话，是那天我听过最有文采的一句话，说这话的，是一个喜欢穿大长袍子、喜欢喝茶的一个女孩，研究生毕业，据说是个学霸。她端了杯酒，说了四个字，然后让我自己悟，之后就坐下了。我一品，是这个理，我们都很年轻，都想不一样，但是捷径并没有，可是专注地做一件事儿而练就“绝学”，定然“无忧”。这句话后来成了我的座右铭，或者说是我的信条，把一件事儿做到极致，也是一种本事。

“你还年轻，啥都别怕。”人事部有个哥们儿跟我关系不错，主要是我给他修过电脑，修电脑是我的一个保留技能，不泡妹子的时候一般不用。这哥们长我几岁，北京人，跟他喝过几次酒，看不出有啥大理想，后来我才明白悠闲可能就是他的理想。他一直跟我说，我还年轻，想干啥就去，没啥怕的。领导不好，就炒了他鱿鱼。此处不留爷，自有留爷处。虽然我觉得从一个30多岁老老实实干人事不求发展的人嘴里说出这些有些奇怪，但是想想，他可能只不过是想看着我活一活他已经错过的人生吧。是啊，我还年轻，没什么可怕的。

“别哭哭啼啼的，像个娘儿们。”这句是我喝断片以前听到

的最后一句话。酒过三巡，该来的伤感还是来了，有个姑娘先忍不住了，我也就感觉泪点到了，不免借着酒流了些泪，我隔壁座位的大哥，挤了挤自己饿红了的眼眶，打了我一下，说：“我第一次离职的时候，也是这个鸟样，别哭哭啼啼的，像个娘儿们。有啥啊？有一天你高就了，哥们儿几个还要靠你吃饭。”说的我也觉得自己“娘儿们”，擦了擦眼泪，连干了好几杯，就再不记事儿了。

这里解释下我的哭，不然大家看起来，我这个人多愁善感还有些“娘”就不好了。我的这个哭，就好像每当有皇帝驾崩，跪满地的妃子都哭得不能自已，你以为她们哭的是皇上？不是的，她们哭的是自己。我哭，不是哭离别，是哭我自己，哭我自己的北漂日子，哭我自己缥缈的未来。

总之，我的第一份工作就在不那么“男人”的泪水中结束了。学到了很多，也长了不少教训，不过我还年轻，我是 80 后。我的确是这么鼓励自己的。那时候，80 后对于社会像是一个新物种，和现在的 90 后一样，被称为“垮掉的一代”，被认为个性极强。那个时候我们和这个社会也是充满了矛盾和不理解，所以我就这样匆匆告别了职业生涯的第一站。

后来，我当然也有过很多份工作。不过，第一份总是特别的，不管怎样，它结束了。

11. 旅行，是治疗心病的最佳方式

离职的第一个周一，被闹钟照常叫起，我才发现自己不用去上班。失业的感觉还挺像失恋，我起床，坐在床沿，有些不知所措。

听着客厅里大家陆陆续续地起床洗漱最后踩着高跟鞋拿着钥匙匆匆地出去，重重地关上门，留一室寂静和我。我不是多愁善感的人，跟林黛玉似的，但是这一刻我真的感觉到自己好像回到了三个月以前，我确定这感觉很不好。

我在床上打坐了两个小时，关于要不要找工作，要不要转行，要不要离开北京，要不要回去考个公务员，这些想法在我脑子里打了一轮的架，最后也没有哪个占上风。

我看了看存折，对，那时候我还有个存折。幸亏我加班到没时间花钱又没有女朋友，存款里除却下个季度的房租还够每天吃几个驴肉火烧；另外我还有一张信用卡。当我意识到这个时，我

的另一个灾难就开始了。

也不知道时谁说的，迷失自己的时候要去旅游，什么寻找到迷失的自我，然后也不知道是为什么那一段时间我脑子里不停地回旋那个旋律：“我想去桂林呀，我想去桂林，可是有时间的时候我却没有钱；我想去桂林呀，我想去桂林，可是有了钱的时候我却没时间。”然后那个早晨，我做个了个决定，我要去桂林！

先说，那时候还不流行去拉萨，不然我可能就去西藏了，不过去桂林确实是我从小的梦想。那一路上我并没有找到迷失的自我，但是却找到了一些温暖足够我抵御北漂的严寒。

“桂林山水甲天下，阳朔山水甲桂林。”我坐了 20 多个小时的硬座，下车又坐了 50 多公里的大巴，终于到了我梦寐以求的阳朔。

我住了个最便宜的小旅馆，租了个自行车就进了十里画廊。十里画廊顾名思义，就说这十里路的风景就像是进入画廊一般。我倒觉得不准确，这根本就是在画里嘛！

我行车到大榕树景区，一个阿姨走过来，笑盈盈地问我要不要进大榕树看看，我本能地往后退拒绝，但是我嘴快了一步，问了问多少钱。阿姨乐呵呵地说：“10 块，我带你进去，不满意你不给我钱，出来再给我钱。”

我一听，便宜啊，而且还是最后给钱，就答应了。

景区里没什么看的，就一棵大榕树，倒是阿姨，可能是知道这树景致不怎么样，就蹲蹲起起地找各种角度，让我摆各种

pose 拍照。她看上去一把年纪，一蹲一起我都能听见骨头响的声音，心里有些不忍，我也不爱拍照就赶紧叫停了她。

后来要出景区的门口，我买了两瓶水，给了阿姨一瓶，阿姨推脱了半天扭不过我。不知道是不是看错了，阿姨眼睛似乎有些泪，我不是很理解。

后来我问阿姨这啤酒鱼哪儿的最好吃，阿姨问："你信我不？"我说："我信啊！"阿姨说："最好吃的在村子里，在月亮山那儿，就是有点儿远。你要是去我送你去，再送你回来。"

我一个男孩没啥怕的，就跟着阿姨兜兜转转，进了村子。阿姨推荐我点了啤酒鱼和田螺酿，我叫了两瓶漓泉啤酒。阿姨挺拘谨谦让了半天才坐下，坐下了又不肯吃肉，几杯啤酒下肚，阿姨才开始自在起来，给我讲起来她从月亮山嫁到大榕树，讲起了她当导游见过的形形色色的客人。别的没记住，她说我是个有福相的人，这个我记住了。

缘分是个奇妙的东西，前一天我还在懊恼北漂的失败，后一天，我在阳朔山水间和一个当地的阿姨大口吃鱼喝啤酒，谈天说地聊生活，并没有不自在，以至于后来好长一段时间，我和任何人聊天的感觉都不及那一晚月亮山下来得自然淳朴。

后来第二天，一大早阿姨带着她早起包的肉粽和现打的黄皮果来西街上找我，要带我去遇龙河漂流。路上她笑着说，早晨她老公让她给他多留个肉粽她都没有，还托他早起给我打黄皮果。我坐着阿姨的电动车在山间吃着黄皮果吹着风，突然觉得这才是

生活，人和自然的生活。

之后的几天，我竟然住进了阿姨的家里。阿姨家被荷兰的外国老板改造成了大民宿，在山间接待很多外国客人，荷兰老板每年和阿姨家分红，还给了阿姨家几间房住。阿姨大抵是觉得我聊得来，带我回家和叔叔好一顿喝酒，之后叔叔就不让走了，也不要钱。我心里住得不舒坦，感觉自己占了淳朴人家的便宜。正好阿姨家有一小片儿地，每天早晨去侍弄她那点儿菜，我就跟着早起，打杂干点儿活，重的累的我就都担着了。就这样，我竟然在桂林山水间，过起了桃花源般的生活。

后来，阿姨才和我说，她一直想有儿子，可是家里就生了俩女儿，那天遇见我，我给她那瓶水，让她觉得我这个人好，因为很多游客都特别防备她，生怕被她坑了钱。阿姨说，她从来不骗人，但是那些人的眼神，让人心凉。

我听得不知道该说什么好，我不觉得自己是个多好的人，但是在阳朔的小村里那个阿姨眼中，我是个好人。突然间，我重新审视自己，我不偷不抢，有学历有文化，讲文明讲礼貌，似乎还真是个好人。从那一刻开始，我的人生套上了一个光环，一个好人的光环。想一想好莱坞英雄电影，好人总是胜利的一方，突然相信我的人生也不会太差。

我在阿姨家住了十多天，除了帮阿姨忙活，陪叔叔喝酒之外，我更多的是看着山水间的万物发呆。村子里经常能看见墓碑就在很多人家的门前或者房子旁边，那是祖先的墓，庇佑着一家人。

我看着这些墓碑，想着这么好的山水，我死了也葬这儿吧。那一刻，我突然意识到死和生原来都是那么回事儿。一千多年前的王正功在桂林山水间题词“桂林山水甲天下”；一千多年过去了，我又在山水间感叹，桂林的山水，人换了一代又一代，山水不曾改变。在死的面前，生是那么渺小。

我站在死亡的一端，看我现在的生活，反问自己，我在城市里忙碌为了什么？当我在要死的那一刻，现在在乎的很多东西还重要吗？我要死的时候，哪些事儿会出现在我人生的小电影里在眼前快速地过一遍？你们也问问自己。

我想清楚之后，就打包了行李告别了干爸干妈（对的，叔叔阿姨后来成了我干爸干妈），回到了这个嘈杂的城市。我见过了顶善良的人，看过了顶美丽的风景，做过了顶不一样的自己，之后我回来了。面对漫长的死亡，我要让我短暂的生更有意义。

我的一次游走，感恩那山那水那人。

02

Part 2

生 活 不 只 有 眼 前 的 苟 且

1. 年轻人的悲剧：没钱但有信用卡

我从阳朔“浪”够了，回到北京，一不小心看了一眼信用卡账单，心脏差点爆了。生活再浪荡不羁，也是要面对残酷的现实；谁的钱都不能欠，都是要还的。反正男主角到了山穷水尽的地步，这也是重生故事的好开头，电影里都是这么演的，第一幕沦落，第二幕觉醒，我这个男主角开始要觉醒还债了。老话说得好，出来混迟早是要还的。

现在我来和你们讲一下，那个借我钱大方，却让我好几年才还清的家伙——信用卡。信用卡是个神奇的东西，很多人拿到信用卡，非常开心，然后刷刷刷，就好像花的不是自己的钱一样。结果，冤有头债有主，当然要自己还！

这些人中，就有曾经的我。我拿着信用卡去桂林刷刷刷，好阔气，然后回到北京给阳朔干爸干妈寄了好几只北京烤鸭，他们

乐得不行。之后，我去看了一眼卡，然后就知道我的苦日子真的来了。

接下来我给你们讲讲我和信用卡的爱恨情仇。

初遇信用卡，我觉得信用卡是特别好的东西，它预支你的钱，而且你可以分期，就像买房子一样，你先享受，慢慢还。我也一直觉得很不错，直到要我还数目不小的账款的时候，我觉得这可能是个问题了。

给我办信用卡的是一个小姑娘，我称之为神通广大的小姑娘。一个偶然的机会，我在一个超市门口看到了她摆的摊子——办信用卡。想着办一个备用也是极好的，我当然不会承认是这个姑娘看上去挺美我才上去问了问。不问不要紧，一问这姑娘就像发现猎物一样地盯上了我，炙热的目光大概和商场门口拉你免费体验发型的小哥差不多。

姑娘说：“你要办啊？”

我说：“我想问问有啥条件没？”

姑娘一笑：“那要啥条件？有身份证没？有工作没？”

我说：“工作在找，快有了。”

姑娘说：“那行，也好办。你毕业了吧，有毕业证也行。”

我刚想说没有，但是一想我这么说了，她就不给我办了可不行。我就编了个瞎话：“啊，有！”

姑娘说：“那你填个表吧，剩下的我给你弄。姓名、身份证，还有电话就行，毕业证号我自己能查到。”

我飞快地填了表，还想再说几句，姑娘似乎对我失去了兴趣，已经去拖着其他的客人了。

过了一个星期，我以为这事儿没戏了。结果姑娘给我快递了份文件。我一看是我办卡的文件，竟然有毕业证号！姑娘还附了个纸条，上面说毕业证号给你搞到了，银行回访的时候别说漏嘴了。

又过了一个星期，我又收到了一个快递，我的卡就在里面，我去银行一查，信息什么都对，是我的卡，额度是 6000 元，提现 5000 元！这姑娘太神通广大了！这姑娘，除了那一次我再也没见到，但是事儿办得就是这么利索。

之后我的信用卡生活就开始了。一拿到卡，胡吃海塞了一通之后，我的欠债生涯就无止境地被开启了。

一开始，我还是很有自控力的，我控制尽量不去动用信用卡的钱，把信用卡真的当作是备用卡。但是，生活中总是有万一需要你放放血，比如遇见心仪的姑娘，比如荷包突然空了，这些都没关系，我有信用卡啊！我每次都说只动一点点，下个月就还上，最后的结果就是，积少成多，大事小情，我的信用卡总是能救我于水火之中……花钱的意外常有，捡钱的意外却不常有。

当然信用卡越欠越多，我开始分期，我开始每月只还最低还款额度。可是我不停地还，还在不停地花，因为还了信用卡，生活费又不够了，又需要信用卡。最后我发现，我一直在花自己的

钱，没多一分，但是每个月还要付给银行一笔不小的利息和费用。这等于是增加我的开销啊！

后来在我信用卡欠了很多的时候，神通广大的姑娘又来了！她带来了一个好消息，她告诉我，现在银行可以借给我钱，能借一万八！我只需要付每年 120 元的手续金还是什么名称的钱，两年之后还了就行。

我一听，这真是救苦救难的观世音菩萨啊！救我于水火之中啊！不对！我突然想到一个问题，我就大胆地问了问姑娘，我说要是我两年之后还不上呢？隔着电话我都能听见姑娘翻白眼的声音：哎呀，这点儿钱，两年你还不上啊，你还能一直穷啊！

我心想，有道理，两年之后我肯定就有钱了啊！但是，姑娘这是很明显地逃避问题。绝对有问题！后来在我严厉措辞的逼问下，姑娘承认，两年之后还不上，利息照旧。也就是说还要利滚利，最终我还是果断拒绝了。

为什么这个姑娘又找到我，她就是看到了我缺钱，她也看到了我意志力不足，一直在刷信用卡。凭我的消费习惯，她也能预测，我借了这一万八，不出意外，我一定还不上！我得跳出来，赶紧还上现在欠的钱，然后跳出信用卡生活来，欠钱的滋味真的不好受。

信用卡就像是个无底洞，它麻痹你的神经，让你觉得自己很有钱，或者说自己生活有最后的保障，山穷水尽时它可以助你渡过难关。你们有没有发现，不知不觉我们混淆了信用卡和存款的概念。信用卡里的钱可不是你的存款，花了迟早要还的。

所以，能不办信用卡就不要办，信用卡像是水蛭，吸附着你，你死不了却也活得不自在。我们每个月稍微攒点儿钱，留着备用，比信用卡靠谱多了。所谓无债一身轻啊，是不是？

2. 让我告诉你：求职的正确“姿势”

我的第二次求职，颇有意思。

经过了很多公司的面试，我终于迎来一家位于四惠的公司的最后一轮面试。前一天晚上我熨完了白衬衫，准备好了明天要穿的上衣、裤子、袜子和黑色的内裤，上了三次厕所，确认了不会因半夜上厕所而误了第二天早起，然后我就睡下了。这里解释一下，黑色内裤是我每次做重要事情时都会穿的，寓意是，我会是一匹黑马。不许笑，就是这样。

相信看到这儿，大家也猜出来，是的，我一定迟到了，电视剧里都这么演的。因为，做好了一切准备工作，我忘记了定闹钟……

匆匆洗漱之后，我终于出门了。飞奔到地铁，拥挤的一号线，简直可以把我胃里昨天的食物挤出来。之所以是昨天，是因为我今天没来得及吃东西，按照往常，与黑内裤的标配是拉面，我要吃一碗拉面来祝自己顺利。今天没时间吃了，但愿一切顺利。

经过了重重人海，挤出了透不过气的地铁，昨晚精心烫熨的白衬衫上蹭上了几条彩道道，我猜是来自某些个姑娘的眉毛眼睛或者是嘴唇。顾不了那么多了，我奔向了公司。

这时我已经迟到 30 分钟了，我想了很多理由解释，但是我突然想起来，很多人是不喜欢听解释的。在坐电梯的 1 分钟里，我决定不解释，直接道歉，诚恳再诚恳。

事实证明，当人事专员看到我风尘仆仆的样子，心里也已经明白了大半。但是她没料到，我低头就一 90 度的深鞠躬，嘴里不停地说着“对不起对不起，我太紧张了，对不起对不起”。专员一下子就笑了，后来她说，看一个小男孩这样，觉得挺真诚的。专员没苛责我，说是帮我把后面的一个人调前了，让我好好喘喘气，别在意。

我心里暗暗地比了个“yeah”的手势，然后深深爱上了这个公司，有人性！那时候我就觉得我怎么都得进这公司，今天我势在必得。

我坐在接待室的椅子上，拿着人事专员递给我的水，默默地在心里把可能会问的问题在脑子里过了一遍。那一年，我还是没有那么善于言辞，所以真的是很紧张。

但是我脑子里还有另外一件事，接待室垃圾桶旁边的废纸团，是不是考验我的？接待室有没有摄像头，会不会像电视剧里一样

老板在监视器面前看着我，看我会不会主动捡起纸团，然后叫我进去告诉我，我通过了考验。真的可能是考验，不然那么大的垃圾桶，怎么会有人扔不进去？

纠结了许久，我并没有去捡那个纸团。终于到我了，虽然我过了很多遍各种问题、专业非专业的答案，但是问题还是让我始料未及。面试我的是个 40 多岁的男人，是我要进的这个部门的大领导。莫名的紧张让我鼻头布满了汗珠。

领导抬头看看我，随口问了一句："你什么星座的？"

What？我的第一反应就是这样。我准备了那么多，你就问我这个？惊诧了一秒，我一本正经地说，我是处女座。那些年还不流行黑处女座，所以，我答得也算是坦然。

领导笑笑，说："给你解解压。我姑娘最近研究这个，我问问看你们年轻人是不是都懂，懂就给我讲讲，不懂没事儿，咱说正经事儿。"

说来奇怪，我一下子就不紧张了。我说："我不是很了解星座。据说很多女孩都很喜欢，要是我的领导和我找女朋友都需要我了解这些，我很乐意多了解一些。"

领导看着我点点头，说："前两轮面试我看对你的评价是反应较快，今天我看，果然不错，小伙子，我喜欢你的答案。"

后来领导说："为什么离职上一份工作，你是不是解释很多遍了？我不问，你肯定有你的理由，但是我想问，你学到了什么？有收获吗？你想在这个公司收获些什么？"

我一听，这领导这问题有深度啊，赶紧组织了下语言。我说：“上一家是个不错的好公司，我收获了很多，从门外汉到入门，是那个公司带我的，也是我要感恩的。从前年轻不懂事，总想太快就做好，但是经历过了才知道，慢慢来才比较快，静下心来做好事情是我最大的收获。在这个公司，我想收获的不多，我想收获一个更专业的自己。”

领导看着我笑了笑，说了一句我最爱听的：“来，小伙子，我们谈谈钱。”

后来，我就真的在这儿工作了，领导也不出意外地是个极有威望和人格魅力的人，我在他身上一直在学习，很感谢，我能遇见这样一个领导，亦师亦友。

我给大家分享这个故事，是有几个点要告诉可能会面临求职的你们。

第一，一定要真诚，不找借口。很多年前，写考试作文的时候，总会遇到一个素材，说是西点军校只能有四个回答：“报告长官，是。”“报告长官，不是。”“报告长官，没有任何借口。”“报告长官，不知道。”其中能坦然地承认自己的错误，不找借口是很重要的。无论任何状况，你要真诚地告诉你的上司、你的面试官：“对不起，我错了，我没有任何借口，因为我错了。”

第二，千万不要说前公司的坏话。当对于前公司的指控和抱怨的第一句话一开口，你差不多就被戴上了长舌妇的面具，你的形象就会坍塌，纵然有千万般的委屈，也请微笑，说前公司的

好话，然后感恩。这样，新的上司就会知道你是个知道感恩的善良人，是个好人，这就够了。你看我是不是说了这些，老板就开始和我谈钱了呢。

第三，生活中没那么多考验，垃圾桶旁边的纸团就真的只是纸团而已。不要看太多电视剧和心灵鸡汤，不要想太多，做你自己就好了。

第四，记得定闹钟。

祝各位求职顺利。

3. 生活不只有眼前的苟且，还有忽然而来的狗血

我的生活当然不只有眼前的苟且，还有吃和远方，对了，还有信用卡。但是，生活却教会了我，生活不只有眼前的苟且，还有忽然而来的狗血。

有多狗血？你听听看吧。

我上大学有过两段感情，一段长，一段短。长的就不说了，那是我心中永远的痛。那段感情中，我遇见了最独特的女孩，那时候我认为我这辈子再也遇不到比她还好的姑娘了。今天我们的故事和长的之前的那个短的有关。

我到了新公司，屁股还没坐稳，猛地一抬头，感觉有个身影似曾相识。我打消了心中的疑惑，安慰自己说，哪有那么巧的事情，北京这么大，人那么多，就能这么遇上？

可是，真就这么遇上了。正当我看着她坐在那儿的背影研究

是或者不是，那姑娘转过来了！

我差点从椅子上摔下来！果然是她！生活能不能不要这么狗血！是偶像剧吗？

这里我来进行一个简单的前情提要。这个姑娘叫沈晴，大我两岁，是学姐。我也不知道我哪儿好，她就看上我了，直接就追我，但我并不喜欢。我不说她的坏话，我只跟大家说，是我不合适吧，我就是不喜欢她。这姑娘执着啊，死缠滥打，你懂啥意思不？要死要活，懂啥意思不？万般无奈，我就从了。

在一起大概一个月不到，我是真的不能忍受了。不是我矫情，是我觉得她大概看不出来我并不喜欢她，再这样下去是耽误人家姑娘，我就赶紧说分手了。话可要说清，这姑娘，要是她不牵我的手我都不碰她，咱不能不负责任是不是？后来又经历了一轮，我哪儿好我改行不行地交涉，姑娘不得不放弃了——不是她想放弃，是她要出国留学……我终于送走了她，然后过上了正常的生活。

不料冤家路窄，我怎么又落到她手里？！趁她转过去，质疑自己的眼神的时候，我赶紧问了问身边的同事，令我更加透不过气来的是，她是主管……进公司一年多了……

我生无可恋，想着赶紧再投投简历吧。我惹不起但躲得起，前女友和自己在一个公司已经够背了，还比自己职位高，这不是让我死吗？

正当我在心里较劲之时，沈晴走过来，看着我说，出去抽根烟不？

我一惊，不，我不抽烟……眼睛不太敢看他。

沈晴翻了下眼睛，我低头隔着头皮能感觉到她的鄙视。

吸烟区是个小露台，沈晴点了根烟，深吸了一口，长长地呼出去说道：“现在能接受我吗？”

我道：“啊？”

沈晴笑笑又吐了个烟圈，说道：“看把你吓的，都长大了，以前的事儿忘了吧。”

我一口气才喘出来，不知道说什么好，憋了半天说了句：“别抽烟了，对身体不好。”

沈晴半开玩笑半当真地说：“关心我呀？你算老几？”

我一笑有点尴尬，赶紧说：“没，就是个健康建议。”

她说过了就过了，我天真地相信了她的话。当我背着背包站在甘肃一个鸟不拉屎的沙漠的时候，我才明白，女人的话是多么不可靠，女人是个多么记仇的动物。

公司的一个项目需要执行，拍一个广告片，需要十多天。沈晴就推荐我去，说是新人多锻炼锻炼；加上之前她跟我说沙漠特别美，而且我又没去过……我就欣然接受了她的建议……

后来的结果是我在沙漠里待了十多天，只洗了一次澡，脸上被太阳晒爆了两层皮，暴瘦八斤，回到公司的时候，大家都开玩笑说我不是玉门关回来的，是鬼门关回来的。

回来之后，又是在小天台，沈晴看着我黝黑的脸颊，哈哈大笑，说：“你知道我最后一次离开你，我去了哪儿吗？”

我："沙漠？"

沈晴："聪明。我去了新疆，疗伤去了，后来在沙漠里迷路了。在沙漠沙山上上下下，走一步退半步，我走不动，两只手着地爬着走，想在天黑前找到营地。可是并没有，沙漠的夜特别恐怖，也不敢睡觉，怕刮起风来，我自己就埋在里面了。那一夜，我想了很多。想着要是我就这么死了，你会不会内疚。等我想明白了你不会内疚之后，我就开始恨你，想让你也尝尝我的苦……其实你什么也没做错，但是我自己想不开……不过，还好我只迷路了一天，找我的人就发现了我……"

我："你恨我？你不是说过去了吗？"

沈晴："算我说谎，不过今天，才是真的过去了。"

我："我要怎么弥补你？"

沈晴："不用，过去了，真过去了。"

我不知道该不该相信她这句话，但是，我想我还是躲着她比较好。

那时候想起来，初中的时候为了搞懂我妈，我买过一本书叫《读懂母亲》，研究母亲的一些习惯和脾气。我现在就很后悔，没有把边上的《读懂女人》也一并买了研究研究。这女人心，真的是海底针，女人的话还真是不能信。我一直以为只有男人的话是鬼话，现在看来，我还是年轻啊，女人的话，绝对不能信。

事情就是这么狗血，竟然还真有工作要在沙漠里执行，我还真的被派去了，让她得偿所愿了，想着我们晚上睡的帐篷早起被沙子埋了大半，我后脊背还是感到阵阵发凉，女人还真是惹不起。

后来，沈晴辞职了。我想她是觉得不想再看见我了吧，或者她是觉得这份工作对我比对她更需要，她成全了我。不过，想到这些年的恩恩怨怨，我心里默默祈祷，如果我做这些能让她心里好受些，那就这样吧。虽然不认为自己做错了什么，但是我仍然祈祷，她未来的日子能够如她所愿般顺遂。

这就是我的狗血生活，我跟我一个编剧朋友说过一次。她笑笑说，这剧情电视剧里我都不会写，太狗血，观众都不会信。

我只能说不管你信不信，我的生活的确不只有眼前的苟且，还真有忽然而来的狗血。

4. 能屈能伸才是大丈夫

当我征战职业生涯的第二个战场的时候，除了狗血之外，还有些别的东西，比如闹心。

我在新公司试用期也算是实习生，入职的时候正赶上新准毕业生正在入职当实习生，这就尴尬了，我和小我一届的孩子们一起做实习生。

处于试用期的我和实习生还是有差别的，我的工资虚高一些，但是也是新人。换句话说，在别人眼里，我就是实习生。

但是，我并不这么认为啊！我怎么能是实习生呢？我做过那么多项目，是不是？我是有经验的，我是有实战经验的，怎么能和实习生相提并论！可笑！

后来我发现可笑的是我。

和我一个部门的实习生叫肖飞，娘娘腔。他是个有点让人无语的人。多无语呢？大概就是这样：

一天，他拎着他的单肩嫩粉色包包，七扭八扭地坐到座位上，扭头问我有没有护手霜。我承认年轻的时候我有些“直男癌”，对他这个问题的第一反应就是：有病吧！我一大老爷们，用那玩意儿？

我就挺无语地说：“没有，没用过。”

肖飞眉毛一挑，说：“哟，就说你们大老爷们儿活得糙，这都没用过。也是，看看你那干裂的手，我就应该知道你没有。当我没问，sorry 啊。”

说真话，我当时真的是想把他削飞！

之后和他工作，我能躲就躲，我怕我躲不及，他爱上我。

这一天，领导白姐让我们配合完成一个剧本的剧情摘录，简单来说就是找合适的剧情进行植入。

这项工作我在上一个公司做过很多，而且肖飞比我小一届，没有经验。我没有了解肖飞的状况就本能地主导了整个工作，把我俩的工作分了工，谁后做完谁整理成一份发出去。

我从肖飞的眼神中看到了一丝不爽，但是他并没有反驳。现在想来，自己当时还真是有些盛气凌人，有些自我主义，有一些讨厌。算了，想想是挺讨厌的。

我的部分很顺利完成了，起身接一杯咖啡，我想要问问肖飞的进度看需不需要帮助的时候，肖飞也来到了休息区。

肖飞：“哟，领导，你也喝咖啡？”

我从肖飞的眼神中看出戏谑，不想搭理他。

肖飞："不要喝速溶咖啡，就跟你说了，对身体不好。你们糙汉子这么造，身体都不长肉；我喝一杯要多跑 3 公里，不然这身材还能看吗？唉，你别说，你这肚子可是要起来了……"

我张大嘴狠狠地喝了一口咖啡，没搭理他扭身走了。

回去的路上我就想，我不去问他了，爱什么时候完成就什么时候完成！我还好心想要帮他把工作快做完，让他碎叨去吧，还嫌我是糙汉子。糙汉子心大，不会热心帮助小同事。

我把自己的部分发给肖飞就下班了。肖飞做得慢，按照约定，他整理成了一份发给了领导。

第二天，我俩被叫进去和领导开会。虽然我有一丝不祥的预感，但是被白姐的满面红光打消了疑虑。

白姐深刻而热烈地表扬了我们，她说昨晚她连夜发给客户，今天一早客户看了设计的剧情，立即给了回复，想要加剧情，价钱好商量。

大概是白姐闻到了钱的味道，整个人异常兴奋，不但夸奖我们，还挑出她喜欢的剧情给我们当众朗读。

这个白姐，38 岁，离异，无子女，独居，特别喜欢小鲜肉。有传闻，前些年公司给管培生安排住处，白姐非常喜欢查寝，主要是男生寝室。我一开始也不信，直到我看档案发现白姐从来不招女实习生和女员工的时候，我信了。简单来说，我们企划部，她必须是唯一的花。

白姐从我写的一段中选了一个剧情朗读。我得意没有3秒，发现这不是我的剧情，不过真的比我写得好。我意识到是肖飞给我改了！

白姐还在不停地夸说小金真的是有才华，手在我肩膀上不停地轻拍。我看了看肖飞，只能尴尬地笑。

午餐自然是我请，我犒劳肖飞。肖飞倒是不知道我之前的心理过程，只是以为帮我做了个好事，吃鸡吃得嘴就没停下。

我：“哎，谢了，文笔不错啊。”

肖飞：“那必须啊！我是校话剧团的，专门写剧本，但是不专业啊，不过植入插个广告还是够用的。”

我：“厉害啊！行家啊！”

肖飞：“也不行，一般一般，世界第三。我说糙汉子，你那剧情写得挺好，我看了下客户之前的植入案例，他们喜欢有内涵的，不喜欢太直白，口播都要隐蔽点儿，我就给你改了改，别嫌我多事儿。”

我：“怎么会？不会……能不叫我糙汉子不？”

肖飞：“啊哈哈哈，不要，这个名字适合你……”

之后吃饭聊的内容我记不住了，只记得，我那天的脸好像被我自己打红了，我不满意自己是个实习生，觉得自己能力挺强，不能和没毕业没经验的小孩相提并论，我觉得自己委屈了。但是其实呢，我并没有多强大，一个还没毕业的小孩儿帮了我一把。

职场上早一年晚一年还真的没有差别，进入职场就再也

没有学长学弟之分了，只有能力强和能力差之分。我职业这十几年发现真的有很多人的能力跟年龄无关，后生可畏。

肖飞是个东北男孩，东北大汉的男人味一点儿没有，但是东北人的仗义倒是一点儿没差，就是嘴碎叨一点和品位独特了一点。肖飞的这事儿让我看清了自己，也是第一次完完全全抛弃掉了很多学院派的想法和做派。

虽然我之前工作过一段时间，但是现在的事实就是我只是个小实习生。大丈夫要能屈能伸，我不能过多地高看自己，唯有虚心地屈，韬光养晦，有一天才能光明正大地伸。

在职场上，能屈能伸是很重要的。从这件事学到的一课，在我未来的日子里起到了很大的作用。我给大家的建议是：职场上，能屈能伸；该屈的时候千万别伸，不然不是把脸伸着让别人打么！

5. 我就佩服狗哥的那股“狗劲”

不是我要从头再来，故事要从一天我下班说起。

我回到小区发现楼下坐着个熟悉的身影——狗哥。

狗哥是我大学的好朋友，大一、大二拼命学习，大三就在上海一家外企实习，刚上大四没毕业就转正了，现在都当上了部门经理，拿中层领导的工资了，我们眼里的土豪。狗哥人非常有能力，踏实肯干，而且老成，是我们朋友当中最靠谱、混得最好的。每当想不开，感到人生无望的时候，一想想他，我就真的想死了。

狗哥进京没和我说，凭着之前给我邮东西的地址自己就找来了，我手机打不通就在楼下坐了一下午等我。

晚上，我俩在大排档撸串喝啤酒。狗哥跟我说他辞职了。

我很不理解啊，忙问为啥。

狗哥说，上海待够了，夏天太热，他一个西北汉子受不了。

我说："北京不热？"

狗哥说："热，哪儿都热。北京不是北方吗？这么热不科学！"

我说："狗哥，热就能把你从你那前途一片光明的职位上扯下来？你就不当领导啦？"

狗哥说："干够了！哥当够广告狗了！"

我大笑："狗哥，你当够广告狗，也还是狗啊，狗哥！"

狗哥骂骂咧咧地说他想转行。

我表示，没问题啊！兄弟支持。

但是我马上想到了一个特别现实的问题。狗哥要是想转行，他要到一个新的公司从实习或者是试用干起，境遇大概和我一样吧。我的心理关才过，能屈能伸这事儿，狗哥不见得能做到，毕竟他一直是我们哥们儿中最有头有脸的人物。

狗哥灌了一大口啤酒，说："那算个啥！你以为我现在当个小领导不受气啊。跟个狗似的。"

我说："那你工资可能很低啊，一个月连吃饭估计都够呛。"

狗哥说："就是就是，我想到了。你小子现在是不是吃不上肉啊？一晚上了，净看你撸肉串了。多吃点儿，我有家底儿，这些年攒了点儿钱，够活一阵子。"

我说："那你可决定好了。你想做啥？你这可真是从头再来了。"

狗哥说："做投资，去投资公司，这是个趋势。从头再来呗！我就当我刚毕业，有啥啊！我就是刚毕业啊！大学的时候只想着钱，没想那么多；现在吧，觉得得干点儿自己想干的，不然等到啥子时候，是不是？”

我俩就这么撸着串喝着酒，狗哥的人生新方向就定了。

后来狗哥到我住的那个窝棚一样的房间住下来。过了几天，狗哥找了个稍微大点儿的次卧，弄了个上下铺，连我也一起弄走了，我终于住进了有窗子的房间。狗哥说有钱换个主卧，这阵子没钱就这么住吧，房租也不用我分担，打扫卫生就行，他懒。

狗哥那段时间没事儿就哼哼“心若在梦就在，天地之间还有真爱，看成败人生豪迈，只不过是从头再来”。我知道，这是他心里也没底，给自己打气呢。

我打心眼里佩服狗哥，他从来都知道自己想要什么，看得也比较长远，总是先于我们行动，也一直是我们当中的意见领袖。反正他说啥，我都信。我这次也觉得他转行绝对没多久就能风生水起。他努力，我只负责相信他。

狗哥的求职之路并不顺利，一度我也很担心，但是我也帮不上忙，投资公司是我们都没有涉足的，我是完完全全的门外汉，只能靠狗哥自己一步步求职，一天天地跑面试了。

狗哥把投资公司进行排名，从上到下一家家地敲门去试，但是，结果并不理想，因为他不是相关专业的，又没有经验，所以，闭门羹狗哥吃了个够，但是狗哥从来没有想过放弃。

一天，我俩像上学的时候一样，弄个小板凳依着上下铺吃凉菜喝啤酒，咒骂着整个世界。

狗哥有些微醺地问我：“你高考的时候，你们老师咋鼓

励你？”

我一下子也没想起来什么。

狗哥说：“我老师就说，成功其实很简单，就是当你坚持不住的时候，再坚持一下。”

我噗地笑出来：“这么鸡汤？”

狗哥说:“哥们儿就靠这句话撑着呢！我都再坚持好几下了！成功也没来。”

我说：“狗哥要不咱换个路子？做回老本行吧！”

狗哥啐了一口：“不行！那我不就输了么！我还能挺着！”

我就佩服狗哥这股劲。

这时，狗哥的手机突然响了。

狗哥一下子跳起来。这几天他都这样，等着各种公司的各种人事的消息。结果真是个好消息，一个小公司的人事来信息，说狗哥周一可以去入职了！

狗哥一米八的西北大汉拿起一瓶啤酒对瓶吹了整整一瓶，然后不知道是呛的、憋的，还是真的激动了，狗哥竟然哭了出来。

狗哥说：“看个屁，我哭呢！”

我倒是笑了出来，但在酒精的作用下，我笑着笑着就跟着哭了。

狗哥说，他不是第一次这么哭，有一次在上一家公司，他年龄小，上下都得罪不得，压力大到他崩溃了。他从公司出来，走到便利店，买了罐饮料，拉开的一瞬间，眼泪就不受控制地下来了，他蹲在便利店门口的树下，号啕大哭了一通，回去接着接受摧残。

狗哥边说边哭，边哭边说，我都分不清他是高兴还是难过。不过我知道狗哥这几年不容易，狗哥还有个弟弟，大三了，家里条件不好，狗哥从上大学就开始打工给弟弟挣学费，自己的日子过得也不轻松。

狗哥算是我们当中的佼佼者，想得多，看得远，做得更是多。每当有人说 80 后是垮掉的一代的时候，他都很气，他只说，年轻人活得才不容易。

那时候在学校我不理解，后来毕业了，成了个北漂。每天住在窝棚一样的隔间里，被领导骂，被同事挤对，还要加班到半夜，赚的钱交了房租水电，剩下的吃不起几顿肉，看着地铁公交里挤着的同龄人憔悴的面孔，姑娘们一个个穿着高跟鞋，好不容易有个座位，遇见老人小孩还要赶紧让座，我突然理解狗哥的气愤，其实年轻人真的活得不容易。

我看着狗哥边喝边哭，边哭边乐，突然觉得，我们其实是幸运的一代，我们知道什么是生活，什么是梦想，即便是生活多么不容易，我们都还是有梦想，有想做的事儿，心在，梦在，即便是从头再来。

6. 谁的黑锅，都不要背

入职两个月，我渐渐熟悉了整个公司和工作流程，也和同事肖飞搭档得很和谐了。不过肖飞的一场智勇双全的大戏，让我对这个叫我“糙汉子”的“人妖”，从此尊为“飞爷”。

肖飞和我被指派去配合营销部门的主管余惠，完成整套工作。本来是没有任何问题的，我和肖飞工作完成得其乐融融。

但是呢，这里简单介绍下余惠小姐，她大我3岁左右，比较强势，是个部门主管，个子不高，嗓门不小，公司人称“小钢炮”。

余惠在公司人缘不太好，可能和她太“女强人”有关。她和姑娘们工作总是配合不来，所以这次白姐就把我俩弄过去配合了。一开始一切都很美好，我们琢磨着这是姑娘，也就处处很谦让以及忍让，毕竟哄老姐姐开心，我俩在白姐手下都习惯了。

不过，很多时候，男孩子的脾气也不是那么好的，特别是忍无可忍之后。

周一的时候余惠和我们开会讨论要营销的创意方案，周五要将最终的脚本给到客户。肖飞觉得时间太紧，提出了异议。但是，余惠表示说，最终时间还不一定，我们可以再讨论。那一天我们讨论创意到焦头烂额也没有个结果，会就那么散了。

之后的几天，我和肖飞的工作零零散散从来没停过，余惠也再没跟我们沟通，我们也就没在意。周四下午，快下班了，我也是手欠，发信息多问了一句，那个方案到底什么时候要。

余惠的信息看得我这个火大啊！

余惠说："周五啊，你们完成得怎么样了？"

我赶紧回复说："你没有通知我们啊！"

余惠说："我已经说过了，周五是最后的期限，是你们自己没有听明白，而且写个脚本很简单的。"

我说："肖飞跟你沟通过时间过紧的问题啊！"

余惠说："他是说过，但是我并没有同意啊！"

余惠的语气，让我憋到不知道回复什么。给肖飞看后，肖飞的暴脾气让他差点摔了我的手机。

我和肖飞去露台上透气，抽根烟用来平复内心的暴躁。

不得不说，我俩的第一直觉是，罢工！追责下来，是余惠没有和我们沟通。但是，我俩冷静下来之后，决定改变战略。

我和肖飞回到办公室，肖飞张扬地把我俩的其他工作推给了部门的另外两个同事。同事怨声载道，引得公司其他同事侧目。

之后按照肖飞设计的剧情，我们找到了最靠近公司出口的公共会议空间，展开了热烈的讨论，接受每一个下班员工目光的洗礼。

之后我们连夜赶出来了脚本，正当我要发的时候，肖飞制止了我，告诉了我一句话："这个黑锅我们不背。"然后他让我回家睡觉，瞧好戏。

第二天一早，我才明白，肖飞给自己定了个闹钟，凌晨3点发了邮件而且抄送给了白姐以及这个项目的最大领导。

第二天，我和肖飞果然被白姐叫进了茶水间聊一聊。白姐知道个大概，当然是替我俩干活的那两个同事汇报的。肖飞声情并茂地如实禀报给了白姐故事的所有，当然故事的版本是，我和肖飞临危受命，连夜加班，一直熬到凌晨3点，天都快亮了才完成。

白姐听了很是气愤啊，这不是欺负她的人嘛！姑娘就算了，还敢欺负她的男孩！老姐姐自然是不高兴，非常不高兴！

下午的时候，我们被这个项目的最大领导叫进了办公室。我有些担心，但是肖飞却笑得胸有成竹，告诉我："放心，这个黑锅我们不背！"

果不其然，大领导又了解了一遍情况。他听很多同事说，昨天我们俩在办公室浴血奋战，拼命加班，也听了白姐添油加醋的版本……最后，听了一遍肖飞差点哭得梨花带雨的版本。

肖飞说："我们真的挺气的，工作没有及时和我们沟通，之后态度又很恶劣，当时我们想着她是女孩，就没有起争执，我们真的想撂挑子不干了！我们又想到，我们不干了，纵然能够惩罚她，但损失的是公司的利益啊。所以最后我们决定还是先赶紧赶完工作，个人恩怨之后再说……”

大领导听到这儿，不断地点头，表示赞同。后来领导说，他对我们的行为表示赞许，对我们以公司利益为重的大气行为表达敬佩，并且承诺，这一单做成，提成大大的有！

我以为事情到此可以告一段落，想要从办公室出来了，没想到，肖飞的戏还没结束！后面才是宫斗戏的点睛之笔。

肖飞支支吾吾地跟领导说，求领导不要苛责余惠，不要跟余惠多说什么。肖飞说：“后来想想余惠也是为了项目，急得口不择言了，我们都和好了，求领导就不要再多说了，以后还是想和同事们都和睦相处的。”

我都惊呆了！我们和余惠连面还没碰上，哪里和好了？还站在同事和睦的大局出发，说得我们真的是忍辱负重，以公司利益为重的好员工啊！

至此，我完全放弃了在“飞爷”面前使用大脑，这男人生在古代，当个女人，秒杀各路妃子，登顶太皇太后，打通关都没问题啊！

大领导找我们和余惠开会，确定了之后项目必须随时沟通进度，跟我和肖飞沟通客户信息，以免再出现上次的沟通不力。当我以为我们和余惠再无波澜的时候，“飞爷”再次出手了！

余惠因为高高在上的自我高贵心理，压根没瞧得起我们实习

生，依旧没有和我们沟通与客户的进度问题，也没有沟通方案问题，我们依旧不知道我们的新脚本什么时候交。

我问肖飞说，要不要问一问余惠。

肖飞却让我不要猴急，少安毋躁，他有主意。

下午的会议，我们和余惠、白姐还有大领导一起开会。

会还没开始，肖飞看着余惠像是突然想起了什么："哎，惠姐，你们前天开会啥结果啊？情况咋样？"

不问还好，一问，白姐一下子炸了："余惠你咋又没沟通啊？这回是不是又要得急啊？你这让我们企划工作很难做啊！"

在大领导凌厉的目光和余惠尴尬的表情背景下，我看到肖飞狡黠地一笑，心中对飞爷竖起了大拇指。

那时候，我发誓，这辈子多想不开也不要和肖飞拼脑子，我这个在宫斗剧里活不到第二集的人，就不要在我飞爷面前班门弄斧了。从此他是我大哥，一路永相随！

开完会，飞爷倒是气定神闲，叨叨着："我最不喜欢背黑锅！谁的黑锅，我都不背！"

"不背黑锅"是肖飞的信条。肖飞不是有心机，他只不过是看太多了宫斗剧无处发泄罢了；他那么精明，只不过是不喜欢背黑锅当冤大头罢了。

7. 每一件发生的事都并非偶然

这个标题有些跳脱。

这十几年中我总是会走一些地方，然后用新的感悟矫正已知的生活。这里和大家分享一下我的第一次出差。

从上大学开始，我就憧憬着工作之后我要多多地出差，飞来飞去，享受着“公费旅游”“公款吃喝”，想想就爽。

所以，在沈晴的怂恿和推荐下，我的沙漠之行终于成行了。虽然过程很痛苦，虽然这是沈晴给我下的套，但我在其间仍然经历了一些难以忘记的事情，和大家分享一下。

我要跟一个剧组进入沙漠，做植入广告的拍摄，拍摄地点是在甘肃敦煌的沙漠里。飞机先降落在兰州，我们要采购些东西再搭去敦煌的火车。

飞机距离地面越来越近的时候，我俯瞰了兰州周边的地貌，

满目的黄土上有些枯黄的树木，一片一片地扎在城市的边缘，那时候我才感觉到原来荒凉是这个意思。

后来从机场出来，机场的大标语大意是呼吁全民种树，防止沙漠蔓延。那时候我突然觉得，原来人真的要多出去走走，因为不到一个地方，你就永远都不知道这个地方的人坚持的是什么。

从机场出来的出租车上，我和司机聊天。司机说，你看山上那些树死了种，种了死，活的也没多少；这边的气候实在太干了，山上的树没人浇水就都死了。司机又说，从他小的时候学校就组织种树，现在的孩子们也还在种树，最后问我们种不种树。

我只能尴尬地说，种啊，植树节的时候，做做样子。

司机说，我们也做样子，做样子做久了，感觉就当真了，我们大概真的爱种树了。你们得爱护自然啊，不然以后都是沙漠了。

司机师傅特别热情和诚恳，一如住在我下铺的那个叫狗哥的西北汉子。这让我对接下来的出差旅行，充满了憧憬。

我的幻想当然会破灭，到了敦煌进入沙漠之后，身陷荒凉之中，我才知道荒凉的真正意义。

初到沙漠之中，一切尚可，直到我罕见地遇见了沙漠大雨。

那天是我到沙漠的第三天，新鲜感已经过了，剩下的就是孤寂和无聊，其他的工作人员都是剧组的，忙得要死，顾不得我这广告执行狗。主要我是小兵一个，也没什么存在感，我就在沙漠中独自走走。

我带了个水瓶，一直走。刚开始还是挺惬意的，走累了就在沙漠里晒晒太阳。后来越走越远，也越来越累，就晒着太阳眯了一会儿，4 月的敦煌晚上 9 点才黑天，所以下午六七点的阳光是最舒服的，我就那么舒服地睡着了。

我感到了一阵阵的阴冷，石子拍打着我的脸。我睁开眼睛，眼前的景象让我惊呆了：沙漠下雨了！沙漠下雨，那个感觉，我没法用语言表达出来，大概的感觉就是，整个荒漠，一望无际，没有一处可以避雨，你就在天地之间，雨就直接拍在你身上，沙子打在你身上，周遭的沙子都被雨拍起来，像是喷了干冰的舞台。

我就在这舞台上坐着，天和地之间，只有我一个人。我找不到任何遮挡物，好像所有的雨都打在我身上。我的衣服已经湿透了，我像是个植物一样杵着，接受着风和雨还有冷。我突然觉得，我们和植物一样也是世间的生物之一，我们本就不应该去躲闪，就应该接受自然所给予我们的一切，敬畏自然。

后来回到营地，我又忍受了十多天的执行，没有洗澡，没有米饭，整日暴晒。最后，肖飞听了我的遭遇之后忍无可忍，添油加醋地跟白姐一顿说，白姐一心软就把我提前弄回去了。

我回去之后，有了一些怪异的举动，我开始在办公室养各种绿植，开始不吃垃圾食品，开始狂吃水果生吃黄瓜，开始徒步登山野营，开始在家里种白菜和苦菊，开始加入绿化植树论坛，当植树志愿者……

肖飞和狗哥一合计，琢磨我是中了邪，在沙漠被什么古人附体了，或者是见识到了什么，开始活得这么健康、这么公益了。

我当然是见识到了什么！我看到了兰州一整座城市为了对抗土地沙化所做的努力，我看到了罕见的沙漠大雨，我开始觉得在大自然面前人类渺小得超出我们的想象，人类不过是寄居在自然中而已。

我们在城市待久了，空调病、城市病、鼠标手、近视眼……人类的确是进化了，但是我们离自然越来越远了。那时候我感觉到，进入城市摆脱自然，最后重新回归自然，本来就是一个过程，可能是人类必经的过程。

就好像随着农业、食品业的现代化，我们吃的东西越来越精细；后来我们吃得太精细了，突然发现好像大家都亚健康了，于是人类又开始推崇吃粗粮，粗粮饼干、粗粮早餐应运而生。人类一开始穿棉质的衣服，后来有了腈纶有了涤纶，棉布开始不值钱，后来大家似乎又觉得这些不舒服，大家开始重新推崇纯棉。这些就是最真实的返璞归真，回归自然本来就是必然的过程。

沙漠大雨之后，我意识到，我也要回归自然。这句话跟狗哥说的时候，狗哥大笑了很久。不过我觉得我只不过是天地间的一个生物而已，我们人类从来都不是地球的主宰，我们不过是在自然界不断地寻找最好的存在方式而逐渐忘本了的生物而已。

我们吸太多尾气雾霾，吃太多地沟油和防腐剂，可能这些病要我们回归自然才能得到医治，所以，我要开始在城市里最大限度地接近自然：不吃含防腐剂的食物，不吃味精，吃粗粮、粗加工食物，开始运动、定期徒步，登山野营。渐渐地，我的生活有了很大的改变，身体越来越健康，眼睛亮了，肩胛也不痛了。

肖飞和狗哥大概是看到我身材变好了、精神变好了，也跟着少抽烟少喝酒，我们三个过得很健康。

沙漠这件事，让我找到了返璞归真的意义，也让我更好地理解了返璞归真，乃至深深影响了我人生的第一次创业，影响了以后的人生。

我曾经有过一个爱看偶像剧的女同桌，她总说，天自有定数，生活中发生的每一件事都是有意义的。之前我会觉得这大概是她为自己生活不满的一些说辞，还有些迷信。但是，沙漠之后，我才领悟了这句话。

正是因为生活中发生的每一件不同的事，你才成为现在的你。很多时候，你要学会在生活中的每一件大事小事上寻找它的意义，让你自己成为更好的自己。

8. 心不黑，手不软

来到公司马上就满三个月了，一件尴尬的事还是发生了。三个月的临界点，面临转正。白姐当然是希望男丁兴旺，留住所有人，但是公司人事却只给了一个名额。公司有公司的考虑，争取不来，我和肖飞自然是一人走一人留。

自打从小道消息知道这件事之后，我不知道如何抬头自然地看向肖飞，不知道他知不知道，也不知道他怎么想的，我们被逼成了对手。

我不想和肖飞成为竞争关系，一方面，我们是朋友，肖飞虽然很“人妖”，但是他真的帮了我很多；另一方面，对于竞争和宫斗，我有自知之明，我的脑细胞不够和他过招一个回合！

我和肖飞之间弥漫着不可描述的尴尬。不知道是我的错觉还是真的，肖飞感觉都不那么娘了，第一次没有叫我“糙汉子”，连午餐他都说没有空和我一起吃，我猜想他是在努力吧。

我感觉到了压力。我不能把肖飞当作对手，这不是朋友该做的；但是，这份转正我太需要了：我从毕业就没有一份正式的工作，社保医保都没有着落，况且，如果我再次没有被留用，我又要从打杂做起面对更小的实习生。

我不知道我要怎么做，心中的义气告诉我，努力工作好像对友谊是一种背叛，不努力工作我又对不起自己。思前想后，我决定还是认真地照旧工作吧，剩下的交给命了。

说真的，我心里是有一种防备的，我总是怕肖飞把从宫斗剧里学来的各种手段用到我身上，我怕我成为下一个余惠；况且，总是有电视剧不断地告诉我职场没有真友谊。所以，我本能地远离了肖飞，偶尔和肖飞的直接合作也一再地检查。我和他之间的气氛开始变得诡异。

在我看来，这样的选择看起来堪比“妈和媳妇掉河里”的世纪难题。我希望我自己赢，但是又不想看着肖飞输。

后来白姐把我叫进办公室，喜滋滋地看着我：“小金，一个好消息和另一个好消息，要先听哪个？”

我笑笑说：“那就第一个吧。”

白姐递给我一份转正证明书，跟我说：“填一下吧。下个月你就拿正式员工的工资了。”

我兴奋着，忙问另一个好消息是不是我和肖飞都留任了。

白姐摇摇头，说道：”另一个好消息是，晚上我请客吃饭！

吃大餐！”

我问：“啊？为啥啊？”

白姐说：“肖飞辞职了，散伙饭。”

我脑子嗡的一声，匆匆谢过白姐，拿着证明书转身出去找肖飞。

肖飞正在办离职，看到我急匆匆地来了，瞟了我一眼：“哟，说你糙汉子真不假，活得就是糙。你这T恤穿了几天了？都酸了。”

我看着肖飞不知道该说什么，感动或者生气，反正不想理他损我的话。

肖飞无奈地转过身，一边继续办离职手续，一边说：“话说你可别感动啊，我是另谋高就了！别想多啊！”

我问：“去哪儿了？”

肖飞说：“才不告诉你，免得你又来跟我抢工作，好尴尬的。”

我臊得满脸通红，扔下一句“请你吃饭”，就匆匆地逃了。

晚上的散伙饭，气氛也很诡异。一个老女人身边围着一群老男孩小男孩，欢送一个“娘”男孩。

大家说说笑笑哭哭闹闹，酒过三巡，肖飞醉得走路都不稳了，我酒量好，散伙的时候就负责送肖飞回去。

肖飞还住在学校，说是太晚了关门了，我就只能带他回到我和狗哥的房间。狗哥下来把肖飞扛了回去，肖飞吐了狗哥满身。

吐完了肖飞好像清醒了些，我就问他为什么要辞职。

肖飞听完了哈哈大笑，说：“我不喜欢这工作，你喜欢你做呗。”

我不信，揪着他不放，套他的话跟他说，他这样是瞧不起我。

肖飞喝多了脑子也不好使了，话一套就出来了：“拉倒吧！你们男人玩不起！你看你一听说咱俩只留一个你那个脸臭的，你紧张的啊。我一想这种工作对你重要啊，你都毕业一年了还没转正过。我不怕，我还没毕业，机会大把大把的。你说你也是，那么防我干啥啊！我还能坑你吗？我是东北人啊！东北人分里外人，东北人都是活雷锋，叫我活雷锋……”

我听着心里难受得厉害，觉得自己之前的想法实在是丢人，想说对不起，想说谢谢，好像都不太对，只能抓起桌子上的啤酒，敬肖飞，全干掉了。

狗哥看看肖飞，看看我，也开了瓶酒说：“这哥们儿咱交定了！”

肖飞说：“谁是你们糙汉子的哥们儿……我是活雷锋……活雷锋……”

后来，我和狗哥安顿了说胡话的肖飞睡下。我心里憋得难受，就跟着狗哥去后街撸串了。

狗哥看出我的心思，问我：“怎么，觉得自己窝囊啊？”

我不说话，一直喝酒。

狗哥说：“来，哥们儿陪你喝。你这是遇着贵人了，讲究人，以后就是咱兄弟了。

我一直喝酒，心里默念这“人妖”，以后就是我一辈子的兄弟了。

这件事之后，我似乎找到了方法应对接下来所有的职场竞争

了，原则就是心软不手软。心软是指你不能把同事当作敌人，不能使用不正当的手段去对付；不手软，是指你认真对待自己的工作，不放水也不轻敌。我连肖飞都没有谦让，更不能谦让其他同事了，不谦让也是你对对手的尊重。

肖飞后来告诉我，他之所以会辞职让我入职，主要原因是他把我当朋友，他愿意为了朋友两肋插刀。他把我当朋友只是因为一件小事儿。

肖飞知道自己比较“娘”，也知道很多所谓的“直男人”看不惯自己。但是我和他搭档，虽然会叫他“死人妖”，却从来没有真的嫌弃过他，就凭这一点，让他认定我是朋友，然后就处处帮我了。

其实吧，我是不嫌弃他，但是他碎叨的时候，真的挺讨厌的，像是唐僧念经，后来习惯了，就自动忽略了，充耳不闻了。不过，这话不能告诉肖飞，不然他会后悔他的决定的。

说了这么多，其实面对职场竞争要做的挺简单的，你要善待你的同事，放平心态，光明正大，认真工作对待你的对手就够了。所谓心软不手软，正当地竞争，也看淡得失，就足够了。

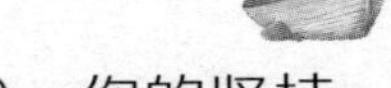

9. 你的坚持，终将美好

肖飞离开公司三个月后，我迎来了我人生中的第一次升职加薪。我到这公司半年，从试用期实习生到专员，马上就要升为主管了，可以带实习生了。

其实除了我工作比较认真之外，一个更主要的原因是白姐手下官最大的一个男孩结婚离职了，然后我们大家就顺藤都升了……所以其实不是我多优秀。

不过虽然升迁之路相对顺利，我也要发表一下“获奖”感言：感谢我的父母，感谢公司的知遇之恩，感谢我的同事们。其实这几个月挺难的，不过我挺过来了，谢谢大家。

感言里的套词是虚的，但是后面说的挺难的，却是实在的。我转正之后，有几次真的挺难的。

肖飞走了之后，原本两个人的工作，全压在了我一个人的身

上。那时候是年末，手头上急的案子变得更急了，一年里残留的案子都要结，各种工作都要做总结。我一时间忙晕了头，整整一个月我都没有按点儿吃过饭。

即便是这样，临近年末我还是有很多工作没做完，不是因为不努力，而是因为真的做不完，一整年残留的东西太多了。今年人手不足自然每个人都要累一些了，我是这个部门最底层的生物，自然是要累很多很多的。

因为不知道什么时候能够结束工作，我一直没有抢春运的火车票。最后我忙到了农历大年二十九的下午，买了个无座拎了个小板凳，蜷缩在硬座车厢的洗手池下，挨过了一夜，又站了一天，大年三十晚上才到家，虽然错过了半集春晚，幸好赶上了那顿热乎乎的饺子。

大冬天，我抱着肩膀坐在车厢连接处的洗手池下瑟瑟发抖，想着等我回家的爸妈，鼻子一酸，不可控制地哭了起来。这工作是太累了，不过我不能退缩，北漂是我自己选择的，这份工作是我自己选的，我才转正，必须忍下来，我的简历太需要一份拿得出手的工作经验了……我不能放弃！

后来就是大家知道的了，我运气很好地加了薪升了职，敢幻想迎娶白富美了，也敢大大方方请狗哥、肖飞吃一顿肉了。

那天我们在京城最划算胡吃海塞小自助约了顿饭。肖飞一脸嫌弃地走进来，他这种小资人士自然是不欣赏自助的。那没办法，我就请得起这个，因为这里的啤酒也自助。

狗哥进来的时候满面春风，挺着敬了我几杯之后，终于忍不住了。

狗哥提了一杯说："跟你俩说个好事儿啊！哥们儿这周做成了一个！然后，提前转正了！"

我和肖飞惊呆了，赶紧干了杯里的酒以示祝贺。

我一直对狗哥很有信心，他的口才和机智我从来不怀疑。这次是狗哥盯准了一个项目，是个电商品牌。然后狗哥没日没夜地给创业方安排投资人会谈，自己做了大量的功课说服投资人。最后这单成了，电商公司融到了 200 万元，狗哥有不菲的提成，领导一看狗哥才华出众就给狗哥直接转正了。

狗哥干了杯子里的酒，大呼太爽了！

我知道狗哥在爽什么。他不在乎钱，他有存底子，也不是在乎成果，他在乎的是这件事儿做成了，说明他决定北上是对的，他选的行业也是对的。

狗哥吃了一大口肉，喝了一大口酒，像个侠客一样说："我就跟你说，生活挺一挺就过去了！你看我是不是赢了！"

我附和说："对，那些公司还嫌我狗哥没经验，在我狗哥面前经验算个屁！"

我说的是实话，狗哥这种人生下来就是为了征服。他一直在征服，征服他所有感兴趣的，征服一切困难。题外话，狗哥从来征服不了妹子，所以也就只能和生活较劲了。

肖飞看着两个糙汉子吃肉喝酒爆粗口，早就忍无可忍了，说：

“我说你们，升个职，加个薪，做成一单就值得这么兴奋啊！”

我一听，这是话里有话啊，赶紧装模作样地询问：“怎么了？看样子女王是有大喜事儿啊！”

肖飞“切”了一声，坐直了身子说：“跟你们说，现在你们面前的可是未来冉冉升起的编剧届的新星，肖飞飞！”

我一口酒差点没喷出来，肖飞飞，这名字也是醉了，还凤飞飞呢。

肖飞一脸嫌弃地说：“你笑什么，这是我艺名，我大学写的那话剧投稿后，有位德艺双馨老艺术家看着我有慧根，愿意收我为徒！”

狗哥啃着骨头从牙缝了挤出几个字：“哪位老艺术家？”

肖飞依旧是嫌弃的神情：“说了你们也不知道，圈子里的，你们就记得是老艺术家就行了。”

狗哥不依不饶地说：“那你还啥作品没有，咋就比我们强了？我俩这都是能见到钱的，白花花的银子啊，小姐！”

肖飞从鼻腔里深深地呲了一声：“钱钱钱，俗。我这是梦想！我就一直想当编剧，去实习那个破公司想看看从商业编剧做起，后来一看不是那么回事！我坚持不懈，终于找到愿意收我的师父了，我终于要实现梦想了，你们不懂！你们看重的是钱，我肖飞飞在乎的是梦想！”

狗哥说：“你这话，我就不爱听了，我们的也是梦想啊！谁来北漂不是为了梦想？钱就是我的梦想！”

我还是觉得大男人一直要有梦想的，这话听起来酸酸的怪矫情的。不过我赞同狗哥，来北漂可不是为了梦想吗？是这个理，我们敢来北漂，不管是为了钱还是什么，都是说起来足够让我们自豪的事儿了。

那天后来，我们三个喝得烂醉。我经历了那么多苦难，事业终于有了些进步；狗哥放弃高薪北上转型；肖飞放弃了实习，追逐自己的梦想，终于上路了。我们三个北漂，似乎都守得云开见日出，柳暗花明又一村了。

坚持，很多时候呢，是有意义的。当你感觉好像生活进入了一个困境的时候，千万别放弃，挺住了，狗哥不是说过，成功就是在你坚持不住的时候，再坚持一下。毕竟，谁的运气也不会一直背，坚持住，柳暗花明会有时。

10. 欺负新人这个传统就别继承了吧

一个阳光明媚的周一，我站在公司的门口，保持四颗牙齿的微笑，等待着我人生中第一个实习生！

我终于有了自己的实习生，这是个普天同庆的好消息。我终于要摆脱打印、碎纸、装订、跑腿等一系列杂活，我终于也有了个跑腿跟班解决我繁杂的琐事，实习生接招吧！

我的实习生叫安迪，那时候，安迪、托尼、凯文还不是发型师的专属英文名。小孩子挺洋气，叫了个英文名 Andy，刘德华的英文名。来的第一天穿了个挺正式的衬衫，我猜他在看到我的跑步鞋、运动裤和已经毫不走心的白 T 恤的时候，已经很想撕了自己的衬衫了。

安迪颇显拘谨地走过来，鞠了个大于 90 度的深躬，满眼真诚地看着我。我一时间有些不知所措，就赶紧带他到工位了。安迪是学广告的，大三。虽然我不知道他为什么这么早就来实习，也不知道为什么人事给了我一个大三的实习生，但是，他就是我的实习生了。

第一次手底下有人了，我竟然不知如何安排工作。那感觉怎么说呢，你不知道要教他什么，要让他做什么，也不知道他是什么水平，安排任何活儿都有些不放心，都感觉没有自己顺手做了来得快。但是人家来了不能让人家闲着啊，总要有些活儿干的。所以纠结到最后，安排的无非是查资料、排版、打印这些简单的活计。

这时候我明白了，其实很多时候实习生干的端茶倒水的活儿，还真不是欺负新人，只不过你的上司可能真的不知道给你安排些什么活才好。

我是刚从小兵混上来的，按照狗哥的话说，现在有个使唤的人了，说得好像是丫鬟终于混成大丫鬟手底下也有了小丫鬟。我倒是认真思考了下，我要怎么“使唤”手底下这唯一的兵。

回想了下自己的经历，看了看网上的吐槽，我决定，我要做个好领导！大家都是一样的打工者，都是刚毕业，只不过我早上班了一些，他晚了些，应该做他该做的工作，不应该就给我端茶送水做这些杂活。

虽然我是媳妇熬成了婆，手里终于有了个小媳妇可以欺负，但是我不能带着这样的心理。我忘记了我是多么深恶痛绝把实习生当廉价劳动力的领导们了吗？当然没有，我也是苦过来的，不

能让安迪也深恶痛绝我。

当我做好了打算，第二天，带着“好领导”的诡异微笑出现在办公室的时候，看见了我的杯子里冒着热气的咖啡，和被整理得一尘不染的书桌。远处的安迪小心翼翼地看着我，我心里有些五味杂陈。

安迪是个新人，还没进入社会就听到了太多关于职场上的谣言，他太紧张自己的未来，不然也不会在大三就琢磨着出来实习早别人一步，然后战战兢兢地想尽办法迎合我。

这很讽刺，很多时候不是大家要求实习生做什么，而是实习生自己把自己看得太低了。端茶送水，拿着微薄的工资无限地加班，最多只敢在网络上和跟朋友抱怨抱怨。转正之后，变本加厉地欺负新的实习生，恶性循环……

我想了想还是要和安迪说一说。我跟安迪说，他是来工作的，应聘的是企划实习，不是我的私人助理，他只需要做好我安排的工作。我的咖啡，我的早餐，我的一切，都是我自己的私人事情，他没有任何义务做这些；他不做，我也没有任何权力苛责他，他来公司唯一要做好的就是他的工作。

安迪有一种异样的目光看着我。感动？不可思议？感激？或者认同？我都默许为他同意我的说法了。安迪说，来工作之前他爸爸说，让他眼睛机灵点儿，看着点儿活，领导缺什么需要什么赶紧跟上，别闲着，小心领导给你穿小鞋。他也没工作过，想着机灵点儿总是没错，就抢着干活，看着我有什么需要就赶紧帮忙。

我听了很无奈，解释说，现在都什么年代了，我们这里不是那些企事业单位，没有那么多讲究。

安迪说他念的是偏艺术类的学校，学校里面学长风气很浓，入学还需要拜学长，不听话就要被收拾；男生还好些，女生更甚。

我听了之后倒吸了一口冷气，奴隶制度都消失了，中国大学校园里暗藏的学长规则竟然还这么夸张。我是知道上大学要尊重学长，但是不知道可以到这种程度。我看着安迪说，我是你的同事，不是你的学长，更不是你的领导，我只不过是比你早来这个公司的同事，你做完了一天的工作就可以回家了，不需要得到我的批准，但是一定要确定你完成好了自己的工作。

后来安迪还是适应了很长时间，看到我不需要叫金哥，不需要跟我请示下班了，不需要事事跟我报备。安迪说小伙伴们还是挺羡慕他的，说得我觉得自己好像是有个千古圣君的光环套在我身上。

我和实习生的相处模式也给我带来了一些实实在在的利益。安迪因为我不干涉工作，而且不需要为我打杂，进步得飞快，对很多事情的处理都很到位。公司其他同事带的实习生，已经实习了六个月有的还不能独挑大梁。

安迪在工作了一段时间后已经可以为我分担工作，我们更像是一个战壕里的战友，很多时候他会帮我打掩护，互相支持。一次工作失误，是我的问题，但是安迪却在问责的时候全部揽了过去，过了好久我才知道这事儿。我问起，安迪却很不在乎地说，

他是实习生，实习生做错事总是会被原谅。那时候我开始感谢自己并没有居高临下地欺负安迪，而是去和他平等地相处。

欺负新人好像是个自古以来的传统，我猜大概从猿人时期，就有新人要在猿人帮派中被欺负吧。但是这个世界越来越讲究人权，讲究自由，很多弊病我们正在摆脱。说到人类的进步，多亏了我喜欢看法国和美国的电影，在小的时候就开始要属于自己的人权了，比如我妈可不能随便把我的小玩具送给同事家的孩子。当然这是另一个话题了，我之后再讲。

既然欺负新人是人权问题，是有悖于时代发展的，我想大家还是都不要继承了吧，是不是？想想大家过来都不容易，那就多一点宽容何尝不好呢？

11. “单身狗”就活该加班吗？

五一黄金周，是一个普天同庆的大日子，是个放假的好日子，是全国人民旅游、度假、探亲团圆的节日。

提前很多天，我就在凌晨四点排队买好了回家的火车票，就等着回去好好休息休息，陪陪父母，陪陪我家那只狗。公司此刻也陷入了一种躁动，大家都在说和男朋友、女朋友什么泰国、日本的旅游。我想想自己单身狗一只，老老实实地回家吧。

结果，从四月二十多号接了一个大单开始，我就有一种不祥的预感。果然，果然！剧本一直不出，我们只能做通案，不能做剧情，这是三个几十集的大剧啊！这还有一个月就开拍了，我就每天都祈祷剧本一定不要在五一之前到。

结果大家都想得到，放假前一天，剧本就这么不期而至了，

三个齐刷刷地到了，五一之后就要剧情。白姐的意思是，大家都拖家带口地出去玩，我呢就是回家，做完了再放假也一样；我是想先回家，提前两天来上班做出来剧情。可是事实是，剧情两天做不完，而且无论是早回来或者晚回去我都买不到票，所以唯一的办法就是我不能回去！

抓心挠肺了一通之后，我做出了一个艰难的决定，我不回家了。但是安迪呢？我看向安迪，发现机智的他早已经参悟到一切。安迪表示，他也一起加班，反正他没有女朋友，也没钱出去旅游，在学校待着也是待着。

看着同事们带着放假的喜悦陆陆续续地离开了公司，我的心情是绝望的。我非常排斥加班，我也拒绝个人时间被剥夺，但是这次是我所不能推脱的，这个项目是我非常想要做成的，而且我现在处于加薪的关键时刻，得多忍一忍，在跳槽的时候才能有质的飞跃。好吧，反正最后我就是留下了。

后来的剧情就是，我们两只单身狗，在劳动节这么光辉的日子在公司泡了整整六天，剩下一天，我和安迪在家睡了一整天。一觉醒来，狗哥已经回来了，带着大西北的馍馍和他妈亲手做的馓子。

到这公司一段时间了，发现公司似乎有个约定俗成：单身，就应该承担更多。我要加班，因为有家的人要回家照顾家庭；有出差任务，我去，因为有家庭的人要照顾家庭……

单身狗就活该没有自己的生活？我不谈恋爱，我没有家庭，但还是有其他的生活吧，比如打游戏，比如运动健身，比如我可以一个人旅游啊！单身狗就加班吗？我表示不解。

后来碰到一个问题，说是一个核爆炸发生了，需要一个人去堵住缺口，但是必死无疑，有两个人选。两个人技术一样，一个人结婚了有一个两岁的孩子；另一个人呢，单身狗一只。两个人都愿意去，如果你是领导，你会派谁去？

有无数的人选择留下结婚的这个，让单身狗去。理由很简单，结婚了的这个有更多的责任要承担，还有家庭，这样更人道。虽然我觉得这个有道理，但是不免多想一句，难道单身的这个人就没有家庭？他不是爸爸妈妈生出来养出来的吗？有没有人想过，这个人还没体验过人生的美妙就要被判定去死，这叫人道？

一样地，单身狗就得加班吗？有家庭的人都去照顾自己的家庭了，单身的人生活都被工作占满了，哪里有时间去找老婆孩子？“反正你也没事儿，你就加班呗！”我听得太多了，这难道不是一种道德绑架？

当我活到 30 多岁的时候，“道德绑架”被提到了台面上。在我刚上班的时候这个还是一个现象，大家被道德深深地束缚住，并没有过多的方案，而实施绑架的人还觉得是自然而然。

我想生活中很多人都会听到这样的话：“他一个小孩，你跟他计较什么，这么不懂事儿呢？”“你那么有钱，怎么不捐款呢，没良心的！”“你有时间，就帮帮忙呗，反正你也没事儿做。”诸如此类，我们被说得哑口无言，就

像我楼下的邻居，明明他们自己家人有神经衰弱，明明是他们自己要在白天睡觉，却要要求整栋楼的人都轻声轻语地生活，然后用“我们家有老人”道德绑架别人。

我和安迪加班也是一样的。我们两个加班，是工作没做完，而不是，你们要去过生活，我们没有生活就理所应当是我们。所以，加班狗加班当然不是必须的。

更可笑的是，当我想明白了这些，开始拒绝别人让我强行加班的时候，那些本来感激我帮他们加班的人却露出了鄙夷的眼神，他们开始不习惯了，不习惯我为什么不帮他们加班了。原来我人太好，帮助他们加班，他们已经习惯、理所当然了。有一天，我不能帮他们了，反而是我错了：你那么闲，还不来帮我们，有没有人性！你说可笑不可笑。

后来我长了记性，以后的几份工作之中，虽然我是单身狗，但是我也是一只有原则、生活并不匮乏的单身狗。我再也不会体现出自己是个除了工作也没有别的事做的傻小伙子了。我开始给我自己制订规划，把自己的时间区块化，每天安排时间健身，每天把工作和时间分开，我还有很多自己的生活。就算我回家只是睡觉，那也是自己支配自己的时间，不是因为我没事做就要去帮助那些不惜麻烦我的人。有一句话说得好，不要不好意思拒绝麻烦你的人，因为他们好意思麻烦你，本来就不是什么好人。

事情就是这么可笑，后来在新的公司，我这样生活了之后，竟然没有人觉得有什么不妥。所有人都说，你看他，这样的年轻人多好啊！你看他，多会安排自己的生活，现在的年轻人啊，都不爱加班，但是人家能把工作做完啊……

我推了下自己的眼镜，狡黠地笑笑，这就是生活！你在乎自己，别人才会在乎你：你把自己当单身狗，别人就把你当狗；你把自己当单身贵族，别人就把你当贵族。

就这么回事，人得自己瞧得起自己，单身狗的班你爱加不加！

12. 教会徒弟，饿死师父吗?

我离职了，离职的故事分为两部分，内力和外力。

外力是个大故事，我先讲内力。内力是：第一，我真的待腻了，自打我五一买了票，不能回家，之后我整个人都处于对工作的抗拒状态；第二，工资迟迟不涨，我的工资紧紧能够自己生存和还一部分信用卡的，这个状态不行；第三，在这个公司我已经学不到东西了，虽然我在这个公司仅仅是个小兵，但是当我最佩服的一个同事离职之后，我已经没有了良师益友，学不到东西了，也到了该走的时候。

内力就是很多因素组成的。我想，做了半年多，可以换工作了，虽然有建议说要待足一年，但是我觉得我该走了。这个念头一直在我脑袋里，真正成行，是因为外力。

安迪进入公司三个月了，其实我也不过比他早来了三个多月，所以一直没觉得自己有多资深。和肖飞的经历也告诉我，做人不能太防备人，要真诚，世界上坏人没有那么多。

我当然不是说安迪是坏人，不怪他，谁也不怪，世界本来就是这个样子的。事情是这样的。在安迪进公司一段时间了之后，有一天我惊讶地发现，这小男孩挺机灵的啊，动不动就逗得白姐花枝乱颤。我也没在乎，毕竟这样白姐这么喜欢安迪，也让我俩的工作好做了许多。

白姐我之前叙述过，离过婚的三十多岁的老女人，特别喜欢小鲜肉，我长得糙点儿，一直也不太得宠。我本身很抗拒白姐的接触，所以我就一直在做自己的工作，尽量少和白姐接触，有事就要安迪去配合。

安迪算是个特别机灵的男孩，学得快，知识也扎实。为人很好，没脾气，在办公室里人缘特别好。我也挺喜欢他，所以能多教他的地方我就尽量多教。本来我觉得会得也不多，大家差别也不大，一起进步没什么不好。而在安迪在领导面前为我挡刀的事件之后我就对安迪更毫无保留了。

安迪也是争气，脑子也活，工作越做越顺。倒是我觉得自己的工作似乎越来越难做，白姐越来越难伺候，没觉得有啥不正常，毕竟我五一都被强迫留下加班了。

直到有一天，我听到了一个消息——我要被解雇了！

什么？我的第一反应是难以置信，公司现在人手没有那么多，我的位置也不是尸位素餐，不应该啊。我立即反思自己是不是做

错了什么，哪一个案子有问题，可是答案都是并没有啊！

为了不会让自己措手不及，我整理了一下自己的资料，打印了几份自己的简历。下午，白姐叫我进办公室，我心里差不多有底了。我的确被解雇了，理由是我最近的工作状态。

晚上和狗哥撸串的时候，狗哥听完笑了，说："你傻啊！你最近工作状态真的不好吗？"我说："怎么可能？我状态好得很啊！"

狗哥说："安迪呢？"

我说："不错啊，他状态也挺好的啊！"

狗哥："那就对了啊！他状态好了，你就得出局。"

我疑惑，怎么我就那么不如他？他工作不如我啊！

狗哥瞄了我一眼，呵呵了一声："你们状态差不多，你把他带得独挑大梁了，你这不就是教会徒弟饿死师父嘛！"

我问："安迪也没有那么出众吧！"

狗哥说："傻啊你！他便宜啊！一个实习生才多少钱！一个月一千都不到。你的呢，你的工资够找几个实习生了。安迪带着，多少活儿都做完了！"

我才明白，原来我不是败给安迪，而是败给了现实。安迪什么也没做，他只不过是做了一个实习生、一个好员工该做的；我也没做错，我只不过做了一个人应该做的、一个带实习生的员工该做的。公司也没错，公司站在自己的利益角度考量。我们像是个商品一样，一对比性价比，我就出局了。

我真的是败了，万万没想到，我竟这样被算计了。被自己的公司算计了，当初公司做团队建设，说是要把公司当作自己家，同事就是家人，你全心全意地对待公司，公司绝对不会亏待你!

我加班到大年二十九，到家春晚都开始了！我到五一买了票回不了家，加了整整六天的班！然后工资迟迟涨不上去，这还叫不亏待我，那我想知道什么叫作亏待我?

我被气到想骂街，但是却也只能接受这个现实。我选择了在企业工作就只能这个样子，我们不过是颗棋子，很小的棋子。可不是螺丝钉哦！螺丝钉无论多小都是不可替代的，但是棋子可是可以说随时被牺牲、被舍去的。

狗哥说，这都正常，他以前在上海外企上班的时候，这种是经常的，教会徒弟饿死师父，这个太常见了。有的“徒弟”人前谄媚，学会了各种技能，然后不择手段，爬到比“师父”高的位置时候，恩将仇报的大有人在。

狗哥叫我放宽心，至少我们愿意相信安迪是个好孩子，不是个背后下刀子的人，我只不过是被现实的公司打败了，还不是被人性打败了。因为如果要是安迪做了什么我才不得不离职，才是最恐怖的。

所以问题其实不单单在于教会徒弟饿死师父这件事，问题在于，你能不能保持自己一直有价值，你在这公司是不是有一些独一无二的存在价值，是不是不可或缺。我想我的问题在于我培养了一个优秀的实习生，优秀到他能替代我，但是我却没有找到一

个更好的自己来替代现在的自己。

所以，其实问题不在于我们任何一个人、任何一方，不断进步才是我们需要做的。我们不能担心别人强大了，替代了自己，这个我们没法控制；但是我们可以控制的是，我们自己一直保持强大。

在职场上，要永远保持自己的不可替代性，要一直不断地超越自己，才能永远站在胜利的一方。

13. 去你的职场骚扰

这个话题一个男人来写感觉还是怪怪的，但是毕竟这么多年我也是见过一些的，今天就来给大家讲讲关于职场骚扰的那些事儿。

先从白姐说起。白姐是个寂寞的三十多岁的女人，白姐有几个有意思的行为是很多年后我和肖飞及一些老同事每次聚会的话题。

白姐喜欢带部门里面的人去 KTV，或者是酒吧，总之是各种嘈杂和灯光昏暗的地方。因为白姐的部门里没有除了她以外的女性，所以每次去 KTV，都很壮观，一个老女人，带着一票二十多岁的男孩，浩浩荡荡地扫进了包房。

进入包房前 20 分钟是白姐的个人演唱时间，众星捧月。后来白姐累了，不唱了，大家就可以开始轮流陪白姐喝酒了。精彩

的来了，白姐还有个保留节目！每到快要结束、最高兴的时候，她都会张开自己的双手说，来吧，孩子们，给姐姐个大大的拥抱！

然后一排男孩们都排着队，等着白姐一一“临幸”，被白姐给予一个大大的拥抱，“运气好的”白姐还能赏亲一口！这场面可谓是相当壮观了！我第一次去就惊呆了！

时间长了也就习惯了，毕竟是男孩，也没那么多讲究。

白姐还喜欢留人加班，可能是我颜值不够，我加班都是工作需要，很少有白姐钦点留下的。不过被留下的一般流程是加班，加班到很晚，然后白姐请吃夜宵，之后白姐会让他把她送回家，最后再让小伙子回家。

后来知道了白姐是真的很寂寞。她离婚后，孩子和前夫在重庆，就她自己一个人在北京。很多时候，她就在公司睡了，一个人回家也没意思，就喜欢在公司加班。拉个人陪她加班，想想也是挺可怜的。

有一次我跟狗哥聊天，狗哥说，你这还好，女上司吃你几口豆腐也不能怎么样，以前他公司有个变态主管，才是真的大魔头。

狗哥说以前隔壁部门有个道貌岸然的领导，也不大，大概也就 33 岁吧。隔壁部门来了个小实习生，是狗哥的师妹，其实也是我师妹，只不过不认识而已。狗哥发现这是自己学校的师妹，还挺照顾她，两人关系也很好。

有一段时间，狗哥发现这姑娘心事重重，做什么也不用心，心里想着是不是出事儿了，就去问了问。姑娘支支吾吾了很久终于说出来，是她的上司对她意图不轨。

狗哥大惊，忙问，姑娘出事了没？这男的看着不像那样的人啊！

姑娘说，还好，就是动手动脚，还不至于被欺负得厉害。

姑娘说，她也是这么以为，这上司刚结婚没多久，平时不苟言笑，一副好男人模样。有一次叫她一起出差，还有一个男孩，姑娘也没多想，就收拾东西去了。

到了火车站，姑娘才发现，原来只有她自己。渣男说，有别的工作安排给那个男孩了。姑娘心生疑惑，但还是去了。

到了无锡，渣男七拐八拐找了个挺简陋的宾馆，开了个标间。

姑娘一直不知道，到了晚上办完事儿回到宾馆，姑娘才发现不对。

渣男说，没有房间了，只能凑合了，说完开始脱了外衣进去洗澡。

姑娘思前想后，拿着东西出去了，找前台一问根本还有房间，自己掏钱开了个单人间。

姑娘一下子就明白了，但不好撕破脸，给渣男发了个短信说是无锡有亲戚，先去住了，明早回来。

后来渣男也没说什么，回到公司之后，渣男仿佛已经撕去了面具，对姑娘越来越肆无忌惮。这也就是姑娘为啥这么苦恼的原因。

狗哥一听，火冒三丈，但是他还是个相对理智的人，思考了半天，问姑娘为啥不辞职。

这姑娘是优柔寡断的个性，加上胆子小，怕丢了工作不好再找，因为渣男威胁她，说她要是敢走，就让她再也找不到工作。

姑娘也是单纯，就信了，就没敢辞职。

狗哥压了压火气，跟姑娘说，你辞职吧！工作哥给你找！

我讲句公道话，那时候是2004年，工作不像现在这么好找，况且狗哥在的那个公司是个中外合资的大企业，前景很不错。姑娘舍不得离开也是正常的，离开也不一定能找到比这个更好的。

狗哥呢，为人也仗义，权衡利弊，一想不能因为意气用事就出头。这渣男道貌岸然，姑娘也没有证据，想着也折腾不出什么。

最后，狗哥托人找人，最后给姑娘找了个工作，虽然不如现在这个，但是至少让这姑娘远离了好色上司。

听完狗哥讲的，我突然觉得其实白姐还好，白姐不过是排解生活的寂寞罢了。

但是职场性骚扰确实是实实在在存在的。在这里我想跟很多求职或者是在职的大家说，千万不要害怕，绝大多数坏人看你越害怕，他们越兴奋，这就是他们的目的。

遇到职场性骚扰，千万不要忍，不要屈服，要有大不了这工作我不要了的洒脱。工作是什么？它不过就是一个职业，就像一件衣服说换就换了，不要担心没有了这个工作。没有这一个，还有千千万万的等着我去做，是不是？

很多时候，我们要分清职场爱情和职场性骚扰。如果是恋情，我们可以妥善地处理，就像是处理我们生活中每一次表白和被表白一样。谈个恋爱而已嘛，没必要成为仇人。

但是性骚扰不一样，我以前有个女同学，她被一个专业科目的男老师骚扰。这姑娘一直没有搭腔，后来这姑娘就挂科了。连着两年补考都没有过，但是姑娘也没恼也没屈服，而是学好其他的科目。到了毕业那一年，她的辅导员发现不对劲了：这个姑娘这一科目还是没过，但是参考别的科目的成绩，这姑娘挂科的可能性不大啊。

辅导员是个女孩，在读博士后，看了半天似乎发觉了什么，替女孩给学校申请补考，换了个科目老师，这女孩顺利毕业了。

女孩后来和我们说的时候，心平气和。我们倒是很生气，要知道这女孩的成绩要是没有挂科，获奖学金也是没问题的。女孩笑笑说，可能这就是漂亮的代价吧。当然最后我们班气愤的男孩在拿到毕业证的第一天就去把这老师暴揍了一顿。

我讲这些，就是想跟大家说，特别是姑娘们，职场性骚扰不可怕。如果你也有这样“美丽”的苦恼，请不要害怕，不要屈服，不要因为威胁就屈从，勇敢地拒绝，勇敢地走开，事情终究会解决，也终究会过去。可能过程不太容易，但是千万不能让自己吃亏。

03

Part 3

人生哪有什么直线可以走

1. 人生不多试几回，你永远不知道自己想要什么

离职后的一个礼拜，我没有急于求职。基于我的信用卡刚刚还清，还没有攒出房租的时候，我决定还是老老实实地在家里研究一下我的职业方向。

对于被开掉这件事情，我是心有芥蒂的，我难以接受自己很努力地去工作，去为公司尽力，却没有任何用；公司太功利了，没有一点人情味，而且，这样的工作给了我极大的不稳定感，让我极度缺乏安全感。

我躺在床上，一动不动。我就在想，既然已经开始厌恶这种不稳定感，那么我应该要寻找一份稳定的工作。我才刚毕业一年，时间还早，还有机会，要不然可尝试一下国考。

当然现在看来，我是做了一个不太正确的决定。但是那个时候，不知道被什么冲昏了头，一下子忘了梦想和远方，开始想要

寻找一份内心的安定。总之，那时候，我开始决定要国考了。

狗哥和肖飞听了我的决定之后，反应截然不同。肖飞笑得花枝乱颤，说这是他听过的最好笑的笑话；狗哥一脸凝重地看着我，觉得我病得不轻，该去看看医生了。

我呢，虽然也觉得自己不合适，但那时看着他们两个的眼神，我还就较上劲了，我就觉得自己应该试试，年轻总是要尝试的。

想明白之后，我就立即动手了，留给我的时间不多了。我得抓紧，不然错过要等很久，这个可不是考驾照，这东西越早越好了。反正那时候我好像中邪了一般地想要国考，想要远离所有不安定。

开始准备国考的日子是寂寞的。那个时候公务员还是没有那么热，没有那么夸张的比例，但是也是不好考，热门的岗位都是有一些不可描述原则在里面。

我参加国考的目的还是要解决自己的温饱。之前的工作，我积累了一些客户和老同事，同事有时候会给我发一些私活，我也算是能勉强赚点儿钱度日。

时间不够，要看的书太多，我欠缺得也太多，必须马不停蹄。我和狗哥的家附近有个三本大学，校内有不错的自习室，都没人去。我每天都去，中午晚上就在学校吃了，晚上半夜才回到家，成了这个学校最勤奋的“同学”。

在学校上自习的日子，好像又成了一个学生，生活又回归了简单，我开始跟着这群学生去参加一些国考的宣讲会，参加一些网上的论坛，找一些应对国考的方法方式。

生活重新被书本和知识占满的时候，是一种奇妙的感觉。刚开始的时候会心浮气躁学不下去，静不下心来。但是大概两周之后，我渐渐习惯了，也找回了以前的感觉。

上班一段时间，生活被很多浮躁的东西所占满。这一年，我知道了各种名牌，知道了各种很厉害的人物，然而并没有卵用，我还是我，不是什么大人物，也还是买不起那些名牌。但是人常常就是这样，身边有很多人，听过了很多名牌见过了一些厉害的人，就好像自己也变厉害了，也变有钱了，说话的腔调也不一样，好像他早就不是池中之物了。可是呢，大家都还不是要吃路边的包子、挤公交。

备战国考，回到学校，让我把以前很多不好的习惯和虚荣浮躁的毛病都剔除掉了，回到了人性最本真的状态。如果说，那些年备战国考，我有什么收获，我想就是有机会重新做回了以前的自己。

准备国考的时候，我还是很庆幸有狗哥和肖飞这两个朋友。即便他们觉得我的路可能是错的，他们也并没有阻拦我，而是大力支持我，生活上给我很多照顾。照他们的话说，就是想干什么就干，他们力挺就是了。

后来的结果，当然是皆大欢喜。其实主要是那些年国考还是不难，不像现在。我报了个冷门，到北京周边的村子当了个“大学生村官”，还解决了我的北京户口，说是可以买房买车。但是，

我哪有钱啊！

知道结果了之后，我并没有多高兴，狗哥也没有，肖飞一样也没有。事实上，他们并没有以为我能考上；我呢，坦白讲，我还是没有做好准备。

为什么？很多人诧异为什么我没有做好准备，我都准备了这么久。当然不是，我准备国考的时候，一是处于对于非体制压榨员工制度的排斥；二是我在逃避。

没错，我是在逃避，我通过准备国考，重新回到学校，让自己逃避自己的心和沉重的关于未来的负担。时至今日，我终于开始承认，那时候我是在逃避，想要光明正大地什么都不做，光明正大地每天看书，远离无穷尽的加班。只不过，逃避过后，老天给了我一条路。

我以为自己想要安定，当安定来了的时候，我是真的那么想要吗？

走还是不走？这是个问题。

故事的最后，我还是去了。狗哥是个有远见的人，说着有个机会能去看看就看看，况且还有个北京户口，这东西以后越来越值钱了。工作随时有，随时回来一样的。我也是这么想，新一代的大学生村官就走马上任了。

虽然后来我没有一直做国家公务员，端这个铁饭碗，但是，我还是推荐大家，在想不清楚自己想要什么，做一个职业做腻了，遇到了瓶颈的时候，可以选择换一个职业，尝试一下不一样的自己。你不尝试一下怎么知道自己不想要呢？

你可以给自己一段日子去尝试不同的生活。科学这么发达，人要活好多年，没必要在最初就给自己定下人设。多去尝试啊，不尝试你怎么知道自己喜不喜欢，万一下一份工作很适合你呢。不尝一下榴莲，你怎么知道原来闻着臭，吃着那么香。

很多时候，遇到瓶颈就换个方向尝试一下吧，没什么可怕的，因为你们还年轻，年轻就什么都不要怕。

2. 不要在错误的道路上一错再错

新官上任三把火，我走马上任，一把火也没烧。

我从来不曾认为做一个公务员，是我想要的。当我知道自己考上了的时候，我心里对安定的渴求变成了对自由的渴望。但是对于新生活的好奇，还是让我选择了去看看。

那是北京通州的一个村子，这几年那个村子已经被拆迁，村民们都住进了电梯楼。但是那些年还是不行，也就是个村子，我去当个大学生村官，差不多就是个村委会的干事。

村委会里还有一个姑娘叫梁菲，早我一年大学毕业进来的。我刚到，梁菲看看我，说了句欢迎，之后意味深长地看了我一眼，那眼神里有理解也有不理解，更多的是同情。

梁菲跟我说，大学生村官不是官，久了你就知道了。

久了，我还真的知道了，大学生村官挺难做的。你到了这里，能做的还是挺多的，修电脑、P图、作图、写宣传稿、排练大爷大妈社区节目、调解村民矛盾……生活真的是“丰富多彩”。

而且，你会发现很多话，你说得明白，一些上了年纪的村民就是听不懂，你怎么沟通都讲不通，甚是苦恼。

一次工作之后，我的情绪十分不好。梁菲看出来了，买了几罐啤酒，找我一起聊聊天。

梁菲问我：“一个大男孩，想着来当大学生村官也挺特别的。我看得出你不喜欢这生活，但是你为什么来？”

我无奈，思考了一会儿，跟她说：“说白了，只不过是想换换生活。”我又问她干吗要来这里。

梁菲说：“大学毕业不知道做什么好，考研没考上，就准备国考了，想着落下户口，然后看看再接着考研还是要做什么。”

我说，明白了，咱俩都是给自己个过渡，想想以后干什么。

梁菲说，村子里的日子啊，待一待就腻了，每天闷得慌。幸好我来了，不然，她一直连个说话的人也没有。

我说，她的感觉我懂，不过我不确定能陪她多久，找到了方向了就走，兴许就是明天，兴许就是下一秒。我一个大小伙子，也不能一直做这个，不挣钱娶不起媳妇。

我说得很现实，逗得她哈哈大笑。

梁菲说，你看过《心灵捕手》吗？

后来，我看了一遍《心灵捕手》，电影里面的男主角Will很有数学天赋，但是却在和好朋友一起做修车的工作。他的朋友

Chuckie 在劝他远走高飞去追逐他的天赋的时候，有这样的一段对话。

Chuckie：那不是就可以离开这里了。

Will：为什么要离开？我想要一辈子住在这儿。和你做邻居，一起带着我们的儿子去打棒球。

Chuckie：听着，你是我的死党，这不会变的。但如果 20 年后你还住在这儿，还到我家看球赛，还在盖房子，我他妈的会杀了你。那不是恐吓，我会宰了你的。

Will：你在胡扯什么？

Chuckie：听着，你有着我们都没有的天赋。

Will：拜托，为何大家都这么说？我辜负了自己吗？如果我自己本就不想有呢？

Chuckie：不……你没有对不起自己，是你对不起我。因为我明天醒来 50 岁了，还在干这种事，无所谓，而你已拥有百万奖券，却窝囊地不敢兑现，狗屁。我会不惜一切交换你所拥有的，其他这些人也是。你再待 20 年是侮辱我们，窝在这里是浪费你时间。

Will：你不懂。

Chuckie：我每天到你住处去接你。我们出去花天酒地，玩得很开心。但你可知我一天中最好的时刻是什么吗？大概只有 10 秒：从停车到走到你住所门口的这段时间。因为每当我敲门，都希望你不在屋子里面。没有一句“再见”或是“明天见”，什么都不用说，你就是这样离开了。我懂得不多，但这些我很清楚。

故事的最后，Will 终于离开了 Chuckie，离开了这个城市，去做他想做和该做的事了，Will 没有告诉 Chuckie 他走了，他就像说的那样，一句没说地走了。

我当大学生村官，一共做了八个月。狗哥和肖飞来看过我几次，每一次他们都带来一些新的消息。比如狗哥又做成了几单，在投资公司待了一年多了，混上了主管；肖飞开始写剧本了，虽然是个枪手，不过至少他的作品有人看了。狗哥说，家里的上下铺还留着呢，我随时回去，随时有地方住。

我想了很久，看到了狗哥的生活，看到了肖飞，我觉得我应该回去了。安定从来不是我应该追求的；追求安定，我就不会做个北漂。

但是我迟迟没有下决心，直到有一天。

我去找梁非做社区活动，敲了许久的门，都没人出来，我透过窗子，看到梁非的宿舍搬空了。我突然就明白了，梁非想明白了，她走了，追逐她要的东西去了。那时候，我心里就豁然开朗了，我也到了该走的时候了。

很多天后，梁非给我打了电话，她说她回来办各种手续，找我，发现我已经不在了。她知道我也像是 Will 一样去我该去的地方了，她也是。

我们的这个公务员，辞掉了，五年之内都不能再当公务员，我们走了就回不来了，也没想过再回来。

我体验了八个月的公务员生活，从我上次离职算起，一年多了。当我拖着行李出现在狗哥家门口的时候，狗哥什么都没说，把我行李拿进来，开了瓶啤酒，递给我说，干了，回来接着干！

狗哥说，你看我，两年了，就跳槽了一次，你别总跳槽，你现在资历不错了，就是有个硬伤，没长性。每个干得都不多，下面你要做的就是一步到位，找一个还不错的公司，待上个至少一年，咋都忍下来，经历丰富了跳槽才有分量。

道理我都懂，却还是活不明白。这次我回来，想着也是做个长久的工作，狗哥说得对，我的下一份工作，必须做得久，必须忍下来，我需要一份做得长久的工作了。

当公务员这件事，是人生的小岔路，我走错了，及时停下来，这也算是个进步。虽然有些闹剧，但是也是我人生的宝贵财富。很多人走在错误的道路上，没有勇气回头，也不敢停下来，最后只能是越来越错。我庆幸我想明白了，也感恩自己的那段经历。

3. 起薪比你想象得更重要

公务员归来，我又开始找新的工作。这次我要面临一个严肃的问题，就是聊工资报酬。之前没有这个困扰是因为资历不够，没有底气，给钱就做。虽然现在底气也是不足，但是至少我有过一些项目经验，而且我也想得到更高的薪水。下面和大家分享下关于入职工资的二三事。

我想几乎找过工作的人差不多都听过这样一些话：当我们确定被聘用，跟公司谈工资报酬的时候，他们都会说这句话“如果以后你努力工作、业绩突出，你的报酬也会相应增加的”和下面这句话“入职时的工资高低不重要，只要你努力工作你会得到相应待遇的”。特别是当第一次找工作的时候，绝大多数人会相信这些话，但是千万别相信。

刚入职时，你的工资就是你的全部（当然有一些岗位，比如

销售或弹性工资的岗位除外）而且你入职以后大部分待遇都会跟着你的工资而浮动，工资调整也是按你目前的工资乘于一定的百分数，可不是老板高兴了给你涨多少就是多少。此外保险、公积金也跟工资有关系，当你的基本工资低的时候你今后的报酬增长空间也不大。

我前一阵子认识了一个朋友，他给我讲了一个他当年刚来北京时的一些有意思的事儿。朋友是个山东人，在当地上的大学，写得一手好文章，人比较有才华，大学毕业当了半年老师之后突然想来个北漂闯一闯，所以，大概在2010年就来了北京。

刚来的时候没有经验，经过好几轮面试，最终进了一家颇有名气的广告公司，到最后谈薪资的时候，人事问他的意向薪资是多少？这小朋友想了一会儿，鼓起勇气说了一个吓破我胆的数——两千！

人事一惊！忙说好好好，没关系，入职时高低不重要，来了努力了都会有回报，这个看个人能力。小朋友也没觉得异常，真的是特别实在的小孩，他就觉得自己别要高了，不然人家不要我了可怎么办。

小朋友在这公司勤勤恳恳干了一年，满一年涨了工资到两千五，后来部门来了个大学刚毕业的新员工让他带着。一问，这大学生工资三千。我这朋友心里翻腾得不是滋味，自己勤勤恳恳地干了这么久，这个新来的什么都不会，还是带着的，比自己涨了工资之后的工资还高！这不是欺负人么！小朋友就果断辞职了。

这就说明了一个问题，他当时心软没要求更高的工资或者说是底气不足，不敢要特别高的工资。公司当然是喜欢“物美价廉”的员工。我去过的公司当中只有两个偏创业型的，会很人性化地调整工资、发提成，一般大公司基本是按照入职工资为基数涨工资。

一开始你可能觉得基本工资比别人低几百块钱无所谓，后期会涨的，你的能力到了，工资就上去了。话这么说，听起来有理，但其实不然。理论上讲，涨工资和能力之间不是互为充要条件：你的工资上去了，能力一定上去了；但是你的能力上去了，涨工资可就是不一定的事儿了。底薪工资有一个杠杆作用，你在杠杆短的一段，涨幅是杠杆的力，即便涨幅给的力度很大，但是极有可能你就是不如杠杆长的、涨幅小的最后得到结果好。就是说，极有可能尽管以后每年你工资涨幅比别人大，但是拿得还是比别人低。

我们举个实际的例子，比如你入职时的基本工资为 4000 元，第二年涨幅为 20%（一般的企业极少数的优秀人能涨 20%），那么第二年工资就为 4800 元；如果你的同事入职时基本工资为 4500 元，第二年涨幅为 10%（一般企业工资涨幅），那他第二年工资为 4950 元。是不是看到差距了？请记住，入职时工资就是你的全部，一定不能心软。

所以，大家看到底薪的重要性了吧？但是——凡事都有个但

是——你敢要高薪，也要有个度。

曾经有过一个大学刚毕业的人来应聘，基本满意，言谈举止表现得很自信。谈到了薪资，小伙子张口就是 8000 元，我不是很确定自己听的对不对，还确认了一遍。这小伙子是个 211 院校毕业的，还不是 985 院校，是北京的一个贴边一本学校，但是这个口气也是气吞山河，惊到了没见过世面的我。

那时候，我工作挺久了，工资也就只有 8000 元吧（那些年的 8000 元相当于现在的 1 万多了），小伙子也是理直气壮，说他的成绩很好，获了很多奖，出来工作应该比其他的人薪资高一些。后来我们当然是没有用他，兴许他真是个人才，如果是那样，我想我们公司这个小庙还供不了他；兴许他没那么厉害，那他就是对自己定位不准。自信到自负，这种人怎么能用呢？

对于如何回答你的期望薪金，我想你可以这么考虑。你看你的独特性，也就是你值不值一个好价钱。不过大多数大公司，一般都不会特别在意一个人有多独特，除非你真的很牛。然后你对自己有个心理预期，包括你的工作经验和之前的工资标准，或者说是同龄人同事的工资参考，之后说一个比你心理预期数字高不太多的数字。

不要太多啊，不要再出现该说 4000 元却说了 8000 元的傻事。有人就问了，我说多了，别人不会觉得我定位不准吗？这时候你可以站在公司角度考量，如果他们决定要你了，那么对于你提出的不太过分的薪资要求，他们会考虑接受，或者跟你“砍价”。

听人事砍价的时候，你就要放聪明了，在适当的时候，表示可以接受，不要死咬着不放，最后可是会错过好多机会。

很多人都不知道如何回答人事的“你理想薪金是多少”这种世纪难题。切记，稍微高点儿，不要怕。只要不是过多，就不用怕人家不要你。谁买东西还不是要讨价还价一番？

入职是的工资很重要，谁再说不重要，你就一个鞋底子送给他！底薪可是你工作报酬的全部，支撑你生存所需的所有，千万不要心软；但是也不要太高看自己。期望薪金千万不能低，要高但不能高太多，毕竟高一点点，万一公司答应了，你不就赚了嘛，是不是？

4. 千万不要和同事有金钱往来

回到城里生活有一阵子了，这次我听从了狗哥的建议，找了一家前景不错的大公司，打算多待几年。我要避免以前的各种错误，而且经过了近一年的公务员生活，在各种各样的人的打磨下，我的脾气已经变得油盐不进了。所谓油盐不进是指无论你说什么，我都能微笑着，不往心里去，也不记仇。

但是好脾气，也遇到了一些麻烦事儿。果然这个世界，当好人比当坏人难多了。虽然这件事之后，我还是要当个好人，但是我要当一个有原则的好人，而不是滥好人。

我应聘的新公司规模很大，有个颇有名气的视频网站。我在市场营销部，做各种视频电视剧的推广和策划。部门有二十来个人，分好几个小部门，我们部门五个人。一个大领导是公司的副总裁级别的，一般我们也难见到。

最常接触的是我们部门的五个人，一个大我们一点的领导，我们叫郑哥。剩下四个人，小图、老白、兔子和我。兔子是个姑娘，大我一些，小贵妇，在家待不住出来工作。小图刚毕业没多久的大男孩，比我早一点进公司，酷爱骑单车，一看就是个年轻人，而且极不靠谱。老白人比较老，学汉语言的，思想也比较老派，和小图倒像是对欢喜冤家。

工作了一段时间之后，大家相处得也算融洽。一天，刚开了工资，小图跟我说，家里出了点儿事，急用钱，能不能借他三千，下个月就还。我心里其实挺不情愿的，我手头也是不宽裕，但是想想，同事一场，不借也是不好意思。我反应慢，人家一问，一时间也想不到一个好借口委婉地拒绝，就只能支吾地答应了。出于信任，也没让他写欠条就那么给他了。

之后很长一段时间，特别是月底没钱的时候，我都恨我自己，太想当个好人，结果给自己生活造成不便。到了下个月，该还钱了，小图一脸不好意思地说，还是没周转开，能不能再缓缓，下个月？

我心里长叹一口气，只能这样了，毕竟人家说没有我也不能伸手抢啊，我是个有素质的人。又过了一个月，果不其然，小图还是没有钱还。看样子小图一时半会儿也还不上，我也没说啥。慢慢地，小图也不跟我说了，我也不好意思说，黑不提白不提就过了快一年，我都快忘了。

有一天，我们部门发了奖金，没多少钱，我想给自己换个好的笔记本，还不够，我就想起来小图了。我想着发奖金了是个契机，

跟小图说你是不是该还钱了，我也需要用钱了。结果倒好，小图毫无愧疚，而是一脸诧异，说，是吗？我欠你 3000 块？

我说，是啊，你忘了？小图做努力回想的样子，然后说，什么时候的事儿？我是真不记得了，你看你都当领导了，这点儿小钱还记这么清楚？

我说，不是当不当领导的事儿，也不是小钱的事儿，再说 3000 块也不少了，钱是你欠我的啊，我记得我还错了！？

小图：行吧行吧，你说借了就借了吧，给你就是了！多少？3000 块是吧？给你，因为这点儿钱伤了和气，犯不上。

我一时之间蒙了，我是万万没有想到，小图会搞这么一下子，最后我拿着属于我自己的 3000 块，好像是抢了他的钱一样，好像是他救济我一样，这明明是我自己的钱啊！借个他的那个月我还节衣缩食，因为他家里出事了……结果却落得我里外不是人。气得我差点挥拳头抡过去，老白一把抱住了我，说为这种人真的犯不上。

职场有些显规则告诉我们，同事间要互相帮助，团结友爱；可是背面的潜规则却是，不是谁都可以当成借钱人。

这件事之后，我真的是体会了一下，什么叫作“欠账的是爷，赊账的是孙子”！谁让这年头时兴本末倒置，所谓“同事”是以挣钱和事业为目的走到一起的革命战友，虽然比陌生人多了一些交情，但终究不能像朋友有着互相帮衬的道义，离开了办公室这一亩三分地，大家还不是各自散去各奔东西。所以如果不想和同事的关系错位，就不要和同事有金钱往来。仔细想想，连和朋友之间的交往都要“谈钱伤感情”，更何况是同事呢。

我看着小图不爽了很久，但是我没说什么，毕竟我的钱也算是回来了，只不过是想当个好人，却成了个“斤斤计较”的小人。小图后来离职了，我就在想要是我还没跟他说，小图就走了，是不是我的 3000 块就真的是打水漂都不响了。

后来，面对和同事朋友之间的金钱交易，我只能这样，也说给大家做个参考。

如果是同事跟我借钱，大多数情况下，我都会婉拒，婉拒的理由是，我没有钱。至于为什么没有钱，下面的理由，你可以学几招：钱都交给妈妈上手，你帮妈妈还房贷，没有钱；你要还信用卡，你的卡爆了，你还欠很多钱；你的钱卡都在女朋友或老婆手上，你不管钱；你也急用钱，有个朋友出事了，你答应借他了……

如果是我真的很好的朋友，你记得，真的很好的朋友，他不到难的地方是不会开口的，一旦开口了，就是万不得已了。这时候我一定要出手相救，我不担心钱回不来，因为我就没指望钱回来。面对朋友有难处，我本着帮他渡过难关的心态，从不祈求钱能回来。我真的决定借出去的钱，就是我暂时用不到，而且没打算要回来的钱。

我拿回借给小图的钱之后，我就在想，姑且相信他是真的忘了，如果我时常催着点他，让他不要忘了，会有什么结果？仔细想了一下，结果也不一定好，他大概会觉得我这人小气，借出去

点儿钱，天天催催催，斤斤计较。反正不论怎么着，把钱交到小图手上的一刻，注定了后来我里外不是人。

同样地，大家也不要向同事借钱，万一我们真的忘了，不免要让借你钱的好心人委屈了；要是你记得清清楚楚，但是还不上，你看见同事，总觉得人家跟你说的每一句话都是催你还钱，也是不好的。

我的建议是：千万不要和同事金钱来往，不要跟同事借钱，不要借给同事钱，不要和同事合伙做任何金钱有关的生意。自古以来，亲兄弟明算账，还是会出各种反目成仇的例子，更何况是萍水相逢的同事呢。

5. 你有多不专业，看看办公桌就知道

有句话说，“字如其人”，我们从一个人的字就能看出一个人的方方面面。自古以来人们喜欢通过一些外在的表象来揣度人的性格。比如，我们很喜欢从人的衣着来看一个人的品位；我们从一个人开的车、喝的茶，来判断一个人的阶层，甚至我们从一些人的饮食习惯来判断一些人的性格。在办公室里，除了你的衣着，你的办公桌同样能泄露你在职场的专业度。

很多人会有一个工作状态、一个工作人格，他可能会隐藏起自己的脾气性格或者是怪癖，为了和同事相处融洽或者得到更好的升迁机会。我们可以把秘密锁在电脑里，可以把脾气隐藏在外表下面，可是你上班时，办公桌展露在大家面前。就像是你睡觉的姿势，你说的梦话一样，会泄露最真实的你自己。或者，你的办公桌会让别人误解你也不一定。

我在这家视频公司工作到第六个月的时候，发生了一件事情，让我提高了自己对于办公桌的重视，赶紧回去收拾了桌子。

事情是这样的，公司有两个实习生，本来是都要留任的，但是公司突然辞退了一个。两个实习生是我们大部门的，平时也有过一些接触，人都挺不错的。一个女孩呢，性格特别开朗，特别爱说话，挺爱美的，人特别热心，工作做得也不错，大家都挺喜欢她；另一个女孩，不太爱说话，后来有个词形容这种服装风格大概是“性冷淡风”，但是这姑娘工作的质量不错，人也踏实，但是就是有无形的距离感，让人不敢接近，所以和大家也没什么交情。

本来呢，招这两个女孩进来的时候就是打算都留用的，这家公司习惯自己培养新人，一般实习生都会留下转正。这两个女孩呢，我们也没当外人一直相处得就像是自己人一样。说实话，真没想着有谁有一天会走。

辞退是人事那边下的，据说我们头儿，就是那个副总裁，也没什么异议，或者可能根本就是副总裁要辞退的。那么问题来了，你们能猜到辞退的是哪一位姑娘了吗？

那个开朗的姑娘！万万没想到啊，她自己也是没想到。我们当初听说，有人被开了的时候，都以为是那个高冷不合群的姑娘，毕竟公司领导也是喜欢合群的。后来知道消息说是上面不喜欢开朗姑娘的作风。

我们很好奇人事怎么就知道这姑娘作风了，这事件很诡异啊。

后来郑哥说，是那姑娘追星、浮躁，大领导有时候去格子间转转，看到她那满工位的韩国明星就来气；后来因为她前一天晚上看了场演唱会，耽误了一点点工作。其实也没多大问题，不过呢，欲加之罪何患无辞，就这么直接被开了。

我大惊，赶紧捋了捋自己狂放不羁的办公桌，撕掉了桌子角上一个员工贴的周慧敏照片。

开朗女孩也是有些过分了，她倒是太把公司当作自己家了，韩国明星组合东方神起的照片贴得哪儿都是，连电脑开机桌面都是。这姑娘桌子上十分凌乱，各种打开包装没吃掉的零食，各种彩笔画着小花的便利贴，总之，的确比较凌乱。不过我们没有太当回事儿，小女孩嘛，平时大家也挺宠着她，但是，没想到触了大领导的霉头。

现在大部分企业的办公桌都是格子间，把大家按照小格子分开。也许你认为办公桌属于自己的私人空间，你当然可以想放些什么就放什么。但是事实上，你所不知道的，办公桌也是能体现你价值的，所以要让你的办公桌也变得专业化。这件事之后，我就开始研究怎么样会让从办公桌看起来我这个人很专业、敬业以及靠谱。这方我还是有些心得的。

那怎么样的办公桌才是专业化的呢？

一是不能太乱，我看到公司里很多人的办公桌都是十分凌乱、毫无秩序的，各种各样的文件铺在桌面上。太乱的话，很容易给别人留下这个人工作没有条理的印象。

二是不能太整洁，办公桌不能乱不代表就要很整洁。如果你办公桌上什么都没有太整洁了，那别人会觉得你根本没事做。我在工作最初，做实习的时候，的确桌子很整洁，因为我是真的没什么工作做。

三是不能有太多装饰品和明星贴画。现在很多年轻人，特别是女孩追求个性，办公桌上面放着各种各样的杂物。也有女孩追星，放很多偶像的照片。曾经我的同事中有一个人的办公桌简直就像是个礼品店，各种奇奇怪怪的娃娃，还有各种我认不得的小玩意儿。兴许她可能自己觉得这样很有个性，但是我是真的听到别人在背后议论她的。还有姑娘们，不要把化妆品放在桌子上，最多放个护手霜唇膏，你把眼影粉底都摆在桌子上来了，你是来美的还是工作的？

四是跟业务无关或跟你想要呈现的调性不符的书籍，千万不要放在让人看到的地方。我有一个同事桌子上摆着《跨一步就成功》《做最好的自己》《博弈论》《二十几岁要懂得的道理》……光看这些书，我就能感觉到这同事绝对是朋友圈撒鸡汤励志而且被洗脑到没脑子的人。

我之前有过一个领导，他有个“好习惯”，他喜欢下班以后转一圈看看大家的办公桌，一是看看你的桌上有没有公司重要的资料敞开着，这样说明你工作不严谨；二是通过你办公桌上的东西看看你最近的动向，比如很多人都把工作杂事都记在便利贴贴在工位上，工作还好，记录的杂事多了，大概你就要被叫进去谈话了。

所以呢，我觉得白天你可以把你的文件或资料放在桌上，但是下班的时候一定要整理，那些重要的资料一定要放在抽屉里，有条件的话最好是上锁，这样可以显示出你做事很专业严谨。

办公桌就像是我们展现在公司里的另一张脸。我们看一个人的字，能看出很多，办公桌也是一样的，我们得守住自己的秘密或者是隐私，不要让别有用心之人，通过办公桌或窥探到我们不为人知的一面。还有一种可能，根本上，我们就是个勤勤恳恳的好员工，结果被办公桌出卖，让人误解了我们，也是百口莫辩的。

所以，一句话，一定不要忘记整理办公桌，还要放上一些可以助你增加专业性的书。

6. 辞职有风险，创业须谨慎

狗哥进军金融界已经有两年多了，做成了不少单，积蓄也是有一些了。狗哥这人闲不住，最大的特点就是爱折腾，不过他老人家眼光独到，抓准时机，往往折腾的结果还是很不错的，是个大有作为的人。

狗哥的一个朋友，工作有六七年时间了，最近撺掇狗哥出来创业。狗哥的这朋友认识几个大老板，有一些门路，做互联网创业，狗哥在金融圈混得开，自然也就拉着他想要一起创业了。

狗哥呢，也是个喜欢刺激的人。在我们看来，他创业是迟早的。照狗哥的话说，总不能一辈子给别人打工吧！结果就是，狗哥被这哥们儿一忽悠，加上狗哥骨子里的不羁，立马就辞职了。

我从村里回市里几个月之后，就和狗哥搬进了一个三室一厅的小套房，我们俩一人一个卧室，还有一间给程程姑娘和她的狗。

这天我一回到家，看见狗哥在厨房里忙活，肖飞竟然也在，我很意外。

狗哥说，他辞职了，要创业了！我虽然理解，但还是一脸震惊。

肖飞拍了拍我，嫌弃地把手里扒蒜的蒜皮蹭到我身上，无比嫌弃地跟我说："糙汉子，我跟你讲，你这人就是目光短浅，创业多好啊！人生就是这样，只要想就要去尝试！"

我白了一眼肖飞，说："你别怂恿他，你就是想什么做什么，结果呢？像你这样好啊，当个枪手还吃不上饭，三不五时来蹭饭，电影是你想写想写就写啊！那创业不得深思熟虑啊！狗哥你想好了啊！"

狗哥没说话，把手里的菜倒进锅里，"嗞"一声，油烟四起。厨房里嘈杂得很，狗哥边掂勺，边和我俩说着什么，也听不清。看着狗哥烟雾里，撸胳膊挽袖子的样子，我预感他是要准备好要大干一场了。

我隐隐感觉到不安，但是当狗哥问我要不要一起的时候，我还是表示，如有需要哥们儿定会拔刀相助。狗哥琢磨了一下，说还是算了吧，万一他栽了，留着我的工资还能交得起房租，不然我俩就沦落街头了。

再说，在一个公司多待一段时间的建议是狗哥给我的，狗哥考虑了下我的情况，还是觉得，我要稳住不能折腾。这也正合我意，我心中也是暗叹，狗哥的确思虑周全啊。

狗哥辞职这事儿，脑袋一热干得干脆利落，但是创业的脚步

却是姗姗来迟。狗哥他们要做互联网公司，要做个网站。那些年博客、SNS网站风生水起，狗哥他们想赶上这波大潮也做个交友网站。

忙活了三个多月之后，狗哥有半个多月没回家，连个消息也少有。半个多月之后，狗哥回来了，瘦得不成样了，只带来了一句话，成了。

狗哥以为他见过那么多投资人，那么多创业计划，自己差不多也足够成熟了，好歹有些"相熟"的投资人会给面子，给些钱。不承想，跑了三个多月，没一个投资人愿意垂青，甚至都不愿意去谈。吃饭喝酒可以，一聊正经事儿，一个个就都醉了。

所有的投资人，都要拿出产品，可是狗哥创业只有两个合伙人。狗哥是个之前搞广告现在搞投资的；另一个哥们儿呢，他是做销售的……没有人会写程序代码，他们必须自掏腰包请程序员来做出产品模型。

狗哥也是实在人，拿出了所有的积蓄，请了三个据说是牛气冲天的程序员，按天收费，高得吓人，终于在狗哥积蓄快耗光的时候，程序的雏形出来了。

狗哥兴奋地拿着这东西去找投资人的时候，投资人却是一脸不屑。

有雏形有什么用？有人用吗？我怎么知道这东西好用？

狗哥被唬得一愣一愣的，一想人家说得也有道理，想着这东西还得有流量，就回来和他合伙人商量，让他也该出钱了。这哥们儿还挺赖说家里有老人有孩子，余钱也不多。肖飞看出来这哥们儿是想坐收渔利，跟狗哥说，狗哥却没当回事儿。

狗哥来不及想那么多，他赌上了所有，被逼上了绝路，没有回头的余地了，他只能再找钱。狗哥该借的都借遍了，最后刷爆了信用卡，才勉强让网站上线，小型的推广，甚至自己去发传单，获得了一些流量。

狗哥后来又去找投资人，终于有投资人，被感动也好，看到前景也好，终于松口给了狗哥一些天使基金，一共 100 万。狗哥这天回到家说成了，是只拿到了 10 万启动基金，剩下的陆续看发展给。

拿到手的这 10 万还不够还狗哥的积蓄。狗哥带着他那不靠谱的合伙人轰轰烈烈地开始了创业的征程。

这路很快就到了尽头，狗哥一行人，最终只拿到了 100 万里的 50 多万，公司就实在进行不下去了，一家只有 5 个人的小公司烧钱也是很迅猛的。那些年物价还不是很高，但是狗哥他们只撑了大概 6 个月。

最后的时候狗哥发现在这么艰难的时刻，他的合伙人竟然还在黑钱！狗哥陆陆续续借了 20 多万，自己的积蓄拿出了 8 万多，血本无归。可是他的合伙人呢，倒是黑好几万，人家还是赚了不少！仔细想象他合伙人赚的，正是狗哥求爷爷告奶奶借来的钱啊。

狗哥就这么失败了。

狗哥是那些年创业大军中失败的一个典型，合伙人不靠谱，

自己没有技术，财务不透明……告诉了我一个真理，创业不易！

狗哥后来回到家的时候欠了二十几万，沧桑得像是老了很多岁，狗哥当时万分感激之前自己的决定，留着我上班，至少还能交得起房租，要不然我们两个糙汉子估计要挤到肖飞的床底下了。

狗哥乐观，觉得这是宝贵的经验，不过他学到的最宝贵的经验大概就应该是，选合伙人一定要谨慎。

创业是一条发家致富的阳光大路，但是，不是每个人都能在这条路上好好地走、走得好好的。创业需要得太多，需要胆识，需要智谋，需要机遇，需要天时、地利、人和。创业需要很多经验，在我们还不成熟的时候，不能被很多人创业的胜利冲昏了头脑；面对快速致富的途径，我们一定要理智，一定要谨慎。

我一个创业成功了的朋友，倒是没有那么快地辞职，她很谨慎地感觉事情有了眉目，才辞掉了赖以维持生计的工作，之后稳稳地开启了自己的小康之路。

所以不光创业要深思熟虑，连辞职脱产，我们都要好好考虑考虑。毕竟，辞职有风险，投资须谨慎。

7. 创业失败不可怕，可怕的是你还把自己当老板

这些年身边陆陆续续有人创业，有人成功，但是也有不少陆陆续续地失败了。失败之后做得最好的，狗哥是其中一个；主要是狗哥欠下的钱，容不得狗哥颓废。

狗哥创业失败之后，回到家两天没说话；第三天很晚，狗哥回来嘴角带着血。我没问发生了什么，但是，狗哥之后就像是什么都没发生过一样，彻底地好了。

之后知道，果然和我猜想的一样，狗哥去和那个不靠谱的合伙人打了一架，应该说是狗哥暴揍了那孙子。

我猜想，狗哥大概是反思自己了两天，然后觉得得出口恶气。出完气，狗哥脑子就清醒了，想想自己每天还在利滚利的信用卡，想想欠下亲朋好友的十来万，想想还在读书的弟弟，狗哥一咬牙

开始找工作。

狗哥工作很好找，狗哥人脉广，之前的业绩也好，很快就重操旧业，踏踏实实地上班了。狗哥拼命地加班，有时候我睡了他还没回来，我醒了他就已经走了；曾经连着一个月，我都没有见到他那个屋子里有过人。

一天早晨，我问狗哥为啥这么拼，欠的那些钱大家也不是着急要。

狗哥说，欠人钱心里不踏实。而且，他之前没和我说，怕我担心，其中有 10 万是高利贷。

我大惊。

狗哥说，得赶紧还，不然利滚利。他们村里有个人，欠了高利贷，利滚利，一辈子没翻身。

狗哥说完匆匆就走了。

我从惊讶中缓了一会儿，明白过来：不行，不能让狗哥这么欠着高利贷，利滚利会出大事儿的。

我赶忙找肖飞合计。肖飞和我拿出了所有积蓄，拼拼凑凑刷爆了信用卡也才凑了不到 4 万。联系了大学的室友大齐和胖子，他俩在深圳，也不富裕，两人凑了一万五。无奈之际，程程回来了。

程程是个小富二代，不靠家里，自己画画赚钱，有时候也吃不上饭，经常蹭我们的。我和肖飞也没想着她能帮上忙。结果，程程问了问差多少，直接让我们打了个借条。

程程说，她爸怕她赚不到钱，吃不上饭，给她留了 10 万块救急，她从来不动。这次给我们救急吧！不过，条件还是有的。

小姑娘挺鸡贼，她说钱不用还了，就每个月给她交房租，交到钱还清了就行了，利息就打扫卫生吧，反正她懒得很！

钱给到狗哥，这西北汉子一下子说不出话了。

后来狗哥更拼命工作了，因为他说，欠高利贷，利息高担心的是钱；欠你们，心里更急，你们给我凑的钱，不能让你们生活不方便。

差不多一年半，狗哥就还清了，因为他签了单，挣了不少钱。狗哥大笑，说是不欠这么多钱，都不知道自己原来这么能赚钱。

狗哥绝对是个正面教材，土话叫作跌倒了马上爬起来了！他也给我做了个示范，受益无穷。

我还有个同事，这个就是个反面教材的典型。

同事也是失败了，欠了不少钱，似乎也有高利贷。同事创业了大概快一年，公司流水上百万，后来也还是失败了。

同事颓废了很久。他老婆是我高中同学，做设计的，于是疯狂地接私活，还要带小孩。同事也是没出息，他老婆每天像是带两个孩子一样。

后来同事反应过来了，似乎是振作起来了，但是我们发现他已经跑偏了。不时碰见他，他说包来了修路的活，很快就能赚钱了。

有次又碰见他，他说看好了个泉眼，马上就要出矿泉水了，卖好几块一瓶。我问：那修路不修了？他说，嗨，那个后来出了点意外，不干了！

一次聚会碰见他，他说看好了个环保项目，有前景，一年能有个小一千万，我惊讶这么赚钱。

后来再碰见，问他近况，他说，环保项目不行啦，他要搞个饭店，在前门，叫我们以后去吃。

再后来我们听说，他老婆带着孩子去了上海，再没回来。

最后一次见他是几个月前，他骑个破自行车，说在弄 VR（虚拟现实），已经拿到投资了，得空请我们吃饭。

后来我再没看见过他，倒是过年回家同学聚会见过他老婆一次。这女人也是不容易，辛苦操劳的她有点老气；自己带着个孩子，怕自己姑娘吃亏，也就没再找。老同学说，她前夫创业了一次之后，见过的钱太多了，心气儿高了，小钱都不赚了，整天像是魔障了似的，就想着赚大钱，东山再起。

同学无奈地笑笑，什么东山再起啊，他就成功过那么一会儿，那就是海市蜃楼，他就当过几天的有钱人，再回来穷日子就过不起了。先苦后甜的日子好过，先甜后苦的日子不好过呗。

相比同事，狗哥的决策是对的；他爬起来的速度，比我离职找工作的速度还要迅猛。照狗哥的话说是，命还在呢怕啥，留得青山在，不怕没柴烧。狗哥这次创业失败和以后的一次失败，狗哥从来没有觉得自己是什么厉害人物，失败了，等待着东山再起，他就单纯地觉得，可能是自己还不够资格创业，得先积蓄能量，等待着时机再来的时候。

狗哥算是个聪明人，我身边有很多人失败了，就好像再也没有力气站起来。好像自己已经变得高贵了，再也不能做微小的工作了，再也不能去上班，不能被领导管着，不能一分一分地赚钱了，一个月几千块好像也瞧不上了……整个人都漂了起来。

我想说的是，创业失败说明了什么？不是说明时运不济，而是说明你实力还不够，说明还不是你该创业的时候，换句话说，你还不够那个级别。

那应该这么办？应该学啊！还是要沉下心来做事，积累经验和人脉。就好像你考英语六级，考不过不是你运气不好，出的题你都不会，会的题都没出，而是你根本就不够考六级的级别，你四级的水平考不了六级，那要怎么办？继续学啊！难道你还要一次次地试，等着六级考试的题刚好都是你会的吗？

这么简单的道理，放在创业身上，很多人就不明白了。很多人失败了一次，马上去找另外的项目，接着试。都不留点时间去多了解下，哪里失败了，哪里欠缺，补足了，再去下一次。很多人好像创业了一次，当过了老板，就再也不能安安稳稳地当一个员工了。

创业失败之后，你就不再是老板了，你需要从员工开始，在努力地去学、去积累，才有质的飞跃，才能再当上老板。创业失败之后你不要颓废，不要自我高贵；沉住气，不浮躁，韬光养晦，卧薪尝胆，才能有朝一日苦尽甘来！

8. 不要隐藏自己的失误

小的时候我们被教育说，要诚实，犯错不可怕只要改了就行。道理是这样讲，但是等我们慢慢地长大了，似乎好像又不是那么回事了，我们开始学会在神不知鬼不觉中，隐藏起自己的错误，让我们安然度过一些灾难。有些时候这样是有用的，这些做法让我们免去了很多不必要的麻烦；但是有些时候，隐藏错误可能会“培养”一个巨大的隐患。

在这家视频网站公司做了大概一年的时间之后，发生的一件事，让我记忆犹新。那时候部门刚来了个新人，进公司之后才学会写企划案做方案。后来让她独立做方案，刚开始写的时候修改的次数会比较多，我经常要给她进行修正和提出意见，来来回回的版本就比较多了，多了往往就会出错。但是我的工作很繁杂，并没有时间一个字一个字检查校对，所以最后把最终版本发给上司以后，其实有一些数字在女孩来来回回地修改中发生了错误，但是我并没有发现。

第二天早会，女孩影印了昨天的方案给老大看，结果老大大发雷霆！我在一头雾水中被老大狠狠地批评了一顿，直到最后才明白，是那些数字出了问题。女孩影印的版本和昨天的发给老板的不一样，影印版的数字才是对的，老板很生气，认为我们是在欺骗他，认为我工作十分不认真。

我自认是我检查得不仔细，所以也没多说什么，心情有些低落地回到了办公室。

我问这女孩，这一切到底是怎么回事？

小女孩看着我黑着脸估计是害怕了，就说了实话，其实昨天她发出去之后就发现了错误，因为是刚开始负责企划案，不想让别人知道她的疏忽，她就偷偷改了这些数字。想着浑水摸鱼过去，自己也省得挨骂，但是没想到老板那么精明，竟然一下子就看出来了……

听到这儿，我顿时怒从中来，这是多么愚蠢的行为！本来这姑娘早点和我说，赶紧赶出一个修正版本的，这件事最多被老板苛责几句不认真；现在倒是好，老板气得半死，觉得我们是有意欺骗他，我百口莫辩！

其实我生气的不是因为她出现了失误，因为每个人都难免会失误。问题是她想偷偷隐藏这个失误，这样做并没有考虑我作为她的上司的立场。这种事儿没被发现则已，可是就像这样最后败

露了，会让我很难做人。我不能跟老板解释说，是她不是我，因为无论如何，她的错都是我的错。

最后我没有过多地苛责她，但是的确是会对这个人以后的工作多加留心，生怕她又失误了不敢说，最后出了大事儿。

我们在工作中难免会出现一些失误，所有人都有一种心理，那就是想在别人不知晓的状况下隐藏起自己的失误。但是有一点很重要，如果你所犯的失误涉及你们部门或你的上司，你一定不能隐藏，因为很多时候隐藏自己的失误带来的是无尽的谎言和更大的失误。正所谓越遮越丑，哪怕你犯的是一个很低级的错误，也一定要告知部门负责人或相关人员，以免造成更大的不可估量的损失。

这件事情对我的启示很大。我开始反思，自己是不是也有这样的问题，我现在在公司的位置，如果出了失误没有办法及时地解决，而是选择了隐藏，那么对公司造成的就是直接的影响，对我自己来讲也是很致命的。

我发现其实自己面对失误的第一反应，也是看有没有人发现，就像是做错事的孩子。虽然可以理解，但是工作多年的经验告诉我，我要评估失误的严重性，若是严重，负荆请罪也好，一定要让上级知道，并及时想办法。

如果我的评估是这件事不涉及别人，我自己一个人就解决的话，那么我就可以自己解决。虽然并不是所有的失误都要公开，你一定要进行可靠的评估，一旦这个失误会波及你的上司或组织，千万要提前告知他们，并想办法解决。

其实想想狗哥当年创业的失败，与他的合伙人不作为刻意隐藏自己的失败也是有很大关系的。狗哥的合伙人在招聘程序员的时候，并没有按照狗哥说的按照能力招聘，而是走了个后门，用了亲戚家的孩子和他的同事，吹嘘成大牛程序员！怪不得当时的程序员是天价，按天收钱的，因为他要吃回扣啊！后来发现这孩子能力不行，这合伙人怕狗哥生气，也不敢和狗哥说，就擅自又招了个程序员。

虽然后来狗哥发现了问题，立即解雇了这个亲戚的孩子，但是用人不对，却让狗哥的公司白白耽误的一个半月，对于一个如履薄冰的初创型小公司，每一天从房租到工资都是白花花的银子在流走啊！而且，效率的低下，也让会投资人不看好这家公司，这一点也直接导致了狗哥的失败。

人活在世，不可能没有失误，所有人都会失误都会犯错。如果非常负责地处理你所犯的失误，这不仅不会让你难堪，反而会给你加分，因为领导们觉得你很诚实而且有责任心。但是请注意，事情过去以后同样的错误你可不能再犯一次。再犯，你的领导可就没那么宽容了。

后来这个曾经陷我于不义的女孩，工作认真多了，有问题也会及时和我沟通，一开始，我就觉得这是个知错能改、悟性挺高的女孩。但是日子长了我发现了一个严重的问题，这女孩失误还是挺多的。

可能是太年轻的关系，她做事和说话都是马马虎虎、大大咧

咧的，经常会出差错。这回，她学聪明了，只要有问题，她第一时间和我沟通，然后我就会替她解决。久而久之，这似乎成了她的一个习惯。

我仔细琢磨了下，我似乎总是要给她处理各种麻烦事儿。转念一想，这不就是让自己的上司为自己收拾烂摊子么，听起来这个上司挺好欺负、挺窝囊的。

最后这女孩并没有转正，她的问题就是太不把自己的问题当问题了，由上司来收拾烂摊子，这不是找死嘛。在工作上面有过的失误、犯过的错误，一定要改进，犯第二次可就不是失误了，是实实在在的错误。

所以，老话说得还是对的，有错误不要怕，知错能改，善莫大焉。

9. 做一百件小事不如做一件大事

这标题看起来十分有损公司团结融洽，十分投机取巧。我想老板们看了应该会很不喜欢，但是没办法，我写的这些又不是给老板看的，老板要去看如何成功之类的。我是写给你们看的，这些是你们要知道的职场小技巧。

做一百件小事不如做一件大事这个道理呢，老师和课本是不会教给你的，课本里教你的是要做螺丝钉，要爱岗敬业，要默默奉献……但是，别傻了，这个世界只有出众的人，才有话语权，别忘了历史是由胜利者改写的。

虽然做一百件小事和一件大事，都是为公司出力，但是你需要明白，做一百件人人能做的小事，并不如做一件有影响力的大事，更能为自己增加晋升的机会；做一百件小事，对于领导来说他也不一定记得住你的名字。

其实这里面的做大事有些不太准确，应该说是做出众的事情。

这里我还是有一些例子可以讲给大家的。

在这家视频网站做到第六个月的时候，我迎来了久违的升职。具体是怎么升职的，这就和我的这件大事有关了。

大家可能还记得我说过，我这个小部门有五个人，一个郑哥是个小领导，下面有四个人。我们日常的工作就是头脑风暴，然后做营销策划，基本的状况是按照郑哥的分工来分步完成，最后郑哥汇总来完成一个部门的任务。

这就说明一个事实，我的晋升，只有我的上司郑哥看得到，我的上上司其实是看不到的。这又说明一个事实，我要晋升最保险的办法就是，我要优秀，优秀到不光是郑哥，连上级的领导都知道我的优秀才可以。

那么什么是优秀？优秀就是出众！优秀就是你比其他人都强，优秀就是被人以为你比其他人都强。

那要怎么让郑哥以及领导们认为我比其他人优秀？如果大家做什么你也做什么，大家能做什么你也能做什么，你兢兢业业地做他一百个，这都不叫优秀。我的理解是：大家不能做什么，你能做；大家做了什么，你做得更好，这才叫优秀。

所以我就开始用心观察我的工作，每个任务我都想着能不能有可能完成得更加优秀，想得比别人独特。终于有一天，我找到了这样的机会。在一次大家的工作方案交给郑哥之后，我想到了一个更加好的想法，求着郑哥再给我一点时间，我能做得更好，一点时间就好。

连夜加班完成了我的工作，第二天一早就交给了郑哥。郑哥先是惊讶我的速度，之后仔细看过我的工作之后，觉得我的想法还是很不错的。从此之后，我在郑哥心里留下了严谨、认真的好印象。之后的一些紧急工作，郑哥没有时间和领导及其他部门对接的时候，就会很放心地让我去。我想这就是我需要做的那件大事儿。

后来，整个大部门的人都看到了我的能力，也都夸郑哥有了个得力助手，因为落得个“知人善任”的好名头，郑哥很快就升职了，而我顺利地接替了郑哥，直到现在，郑哥还是会和我讨论方案，交给我做的工作他都很放心。

友情提示，你在展示自己的优秀的时候，千万不要超过你的直属上司，不要让外界觉得你比你的上司还厉害。相信我，这样对你真的不好，因为你的升职，领导还是要充分考虑你的直属上司的意见的，所以，把握分寸别做傻事。

很多时候，我们的能力并没有那么出众，我们并不是最厉害的那个人。努力工作了许久也还是没有人看到，我们每天做着不计其数的小到不能再小的零散工作，看起来我们不过是一个普通的螺丝钉。

可悲的是，我们不过是数以百计千计的螺丝钉中的一个，少了我们，公司这个大机器并不会有任何变化。这样的我们怎么能够升职？怎么能够在公司中有分量呢？

人是很势利的动物，我们每天说着我们的环境卫生离不开环卫工人，但是呢，环卫工人还是拿着最少的工资，还是有人瞧不起他们，教育小孩子说，你不学习以后就要这样。这些劳动人民

默默无闻地做着我们生活中的小事情，却得不到应有的尊重，我们根本记不得他们是谁，可是我们却记得谁感动了中国，谁拿了奖牌，谁又做了什么大事儿。

我们尚且如此，日理万机的领导们不是吗？他们哪里记得，谁今天打印了，谁今天做了方案，谁今天加班到了深夜。他们只记得谁的方案做得好，给公司赚钱了！他们只记得谁能力出众拿下了大客户！他们只记得那些有能力让他们记住的人。

默默无闻的奉献精神，在你死我活的职场竞争中并不适用。你要做好每天该做的一百件小事，找到那件能让你与众不同的大事，抓住时机。

有人说了，那我的能力只能当环卫工人，拿不了奖牌，我怎么样能不默默无闻呢？我只能说，你的人生要向着拿奖牌的方向努力，如果你是个环卫工人，那你就做感动中国的那个环卫工人！

我很喜欢一个印度电影，这几年才上映的，阿米尔·汗主演的《我的个神啊》。这电影里男主角一直在寻找神，他戴了一顶黄色的安全帽，到处贴寻人启事。女主角看到了就问他，你在干什么？男主角说，我在找神。女主角说，那你为什么要戴个黄色的帽子？男主角笑笑说，我要让神看到我！地上这么多人，神要是知道我找他，但是他怎么找到我呢？他看到人群中的黄帽子就是我。

我想，教大家在职场上，多做一些顶一百件小事情的大事情，是个妙招，有点投机取巧，但不是损人利己。我只不过是想告诉大家，给自己戴一顶黄帽子，让我们被更多地看到，让机会先看到的我们。

10. 报销单是公司测试你的一个工具

小的时候，经常听父母说，谁谁谁家的小谁，当了会计，当了采购，是个美差，能赚回扣，挣可多钱了。这可不是我家庭教育畸形，这些都是那个年代的特色和痕迹。也正是因为这些观念的影响，才使得公务员大热，公务员也成了父辈们心中的优选职业。

“吃回扣”这个被人不齿却广为流行的行为，从以前到现在一直被沿用。采购开大额发票，似乎成了约定俗成，而且还成了拉拢顾客的手段。我们工作之后，可能也会发现自己面临着各种各样的“吃回扣”的机会。但是往往这时候，我都会跟自己说“出来混迟早是要还的”，然后规规矩矩地做人做事。

我的第四份工作，就是在这个视频网站公司，曾经发生过一次特别严重的事件，警察来了带走了隔壁部门好些个人。

事情是这样的，隔壁部门的小陈和几个同事在大公司之外搞了个小公司。其实这个问题不大也不至于被警察带走，问题就出在这几个人太贪。

本来呢，他们只不过是把公司很少的资源分散到自己的小公司里去做，虽然不道德，但很多人对此就睁一只眼，闭一只眼了。这几个人一开始也是这么做的，渐渐地贪欲越来越大，他们不满足于把小资源分散到自己的公司，他们开始挖公司的大客户。

大客户还以为自己是在和这家大视频公司合作，也就没多怀疑。这个其实也还好，不过是个挖墙脚的行为。可是最后这几个人到了犯罪的程度，他们利欲熏心，把公司的客户订单，用自己的小公司来收钱。这样就不是挖墙脚的问题了，这等于是在偷公司的钱啊！

后来财务发现了问题，这个小部门怎么能工作效率突然这么异常，就汇报给了他们大部门的经理。大部门的经理是个聪明人，一查就查到了怎么回事儿。

公司多方考量最后决定不惊动警方，和平解决，毕竟公司要上市，有这么大的负面新闻，对公司的影响是很大的。

人事部就和小陈几个人单独谈，说是，只要他们不声张，外流了公司多少钱，原原本本地都拿回来，然后所有的资源资产都不带走，他们就可以体面地离开公司，比如说他们身体抱恙或者家中急事。

小陈几个人当中呢就是有那么一个没脑子想不明白利弊关

系的，干脆不同意。我估计他是想着到嘴里的鸭子可不能飞了！我也想不明白这人为啥这么执着，可能从一开始他也没反应过来这样做是在偷公司的钱。偷资源是没道德，偷钱贪污就是另外一回事儿了。

后来，人事总监一怒，懒得和这群人计较，直接叫了警察，全给带走了！公司公关紧急出动，各种发稿做形象，说公司信任员工却遭辜负。最后公司其实也没有受多大损害，反而还有了更大知名度。

那几个人呢，被带走之后，钱全吐出来了不说，人还摊上了官司；摊上了官司不说，还进了监狱。一辈子算是毁得差不多了。

这是大到犯罪的事儿，我们常常经历的是报销一类的小事儿。很多人会觉得都是小钱，多报点儿没事儿，看不出来。一次两次没事儿，多了风险也就大了，正所谓：常在河边走，哪有不湿鞋？你想啊，你都在报销单这么小的事儿上骗公司，难道公司还会不计前嫌留着你过春季吗？

很多人抱有侥幸心理，觉得这都不是事儿，谁能看得那么认真啊！我就很想问问，你觉得公司的财务、人事、行政，那么多人都是吃闲饭的吗？你以为他们都是傻子，看不出来你的报销单比别人可能多一些钱吗？

很多时候，报销单是公司测试你的一个工具，不是说公司拿报销单故意考察你，而是报销单是公司可以考察的一个方面，之前说过从办公中的摆放可以看出你的性格和工作方式，现在报销

单就能看出你的人品！

曾经很多国企、公务员有很多肥差事，但是这几年，尸位素餐确实越来越少。私企也是一样，制度严格的外资企业，连多久领一支笔芯都要登记，更何况是报销单呢？

我之前有过一次与财务的不愉快。我第一份工作中，交通费是可以报销的。出了地铁之后需要坐 5 块钱的黑车到公司，一早一晚 10 块钱，不多，但是为了体恤员工，公司就给报销了。只要员工填表，司机签字，就可以在财务上报销。

我攒了攒大概有一个半月的单子，拿去报销，财务接过之后，打开了日历仔仔细细地看，每一天都细细地查。财务是个 30 多岁的女人，一脸疑惑地看着我：这一天，你为什么有记录，这一天是周日。

我一下子也蒙了，财务的语气仿佛我就是在多报，贪污公司那点儿钱。我没有乱写，但是那一天确实是周日，我没理由上班，但是我心虚。因为我之前确实想过这种报销单，明明就可以乱写，也没有发票，司机签字也是可以伪造的，但是我清楚地记得我只是想了一想什么都没有做。

后来我努力地回忆，想起来，那一天其实是上班了的，因为那一天中秋串休，全公司在周日都上班了，可能是财务也忘了，记不清了。不过这事之后我也长记性了，以后连报销、回扣的歪心思动都不动一下。试想，要是我从来不曾想过报销单可以乱写这码子事儿，面对财务的质询，我不是就可以问心无愧、理直气壮了？

可是我心虚了，财务看起来我就像是那个偷糖吃被逮到的小孩，她得意地看着我，等待着我承认乱写了。事情解释清楚了，但是我对于财务的语气眼神产生了深深的反感，她站在一个人性本恶的基础上去看待员工，确实让人难受。

大家看到了吧，绝大多数的财务对待报销，都是仔仔细细地看得清清楚楚，一丝不苟，财务的眼睛是雪亮的。那是自然，人家就是干这个的，有什么猫腻一眼就看得清楚。你为了那点儿钱，还要面对财务质询时的心虚，没必要的。

报销单就像是公司考察你的一张试卷，你的诚实、你的踏实，在这儿体现得清清楚楚、明明白白。不要在报销单上搞猫腻，何必呢？不过是百十来块，最多上千的东西。谨慎做人，踏实工作，挺好。

11. 不要乱用公司邮箱

很多人喜欢用邮箱联系，想要体现出独特，显得高端大气上档次。虽然我不知道高大在哪里，但是似乎大人物最多只会给你他们的邮箱，所以很多人喜欢用邮箱沟通问题。提起邮箱，很多人觉有的邮箱“low”，账号不够漂亮洋气；很多人又觉得某些数字邮箱又太大众化，不够个性。我见过很多奇奇怪怪域名的邮箱，后来才知道很多都是公司的邮箱地址，所以看上去那么与众不同。

我认识一些一看就是高端的人，说话从来都不会只用一种语言，夹英语都是小意思，夹点法文才更洋气。对，要说法文，不要说法语。一般我这样的朋友都喜欢用奇奇怪怪的邮箱，往往他们都会特别洋气地说一句：哦，发我邮箱就好，thank you！最后一句谢谢，把舌头都要咬掉了，你想想这时候你要是说你邮箱是你的 QQ 号，是不是就破坏氛围了，所以一般他们都说自己的工作邮箱，显得整个人都专业洋气。

公司技术部曾经开除过一个人，说是倒卖公司资产。我一听觉得这问题似乎不小，本着满足好奇心与追踪真相的意图，我打听了七七八八。

先说他是怎么倒卖公司资产的，其实话虽这么讲，但是原理很简单，他不过就是接私活而已。很多大的公司是这样的，你工作的电脑是公司的，USB 插口是锁上的，你不能把里面的内容拷贝出去，只能通过邮件等发出去。等你离职的时候电脑公司是要收回的，所以你这些年的开发的代码、写过的内容，都是属于公司资产，你是带不走的。

我们公司呢，电脑是公司配的，USB 插口没有锁上，似乎看起来非常人性化。我是有轻微被害妄想症的人，总感觉电脑里让公司植入了程序，能够洞察我们的一举一动，所以我和我的办公电脑从来都是相敬如宾，不逾矩。但是，很多同事都不这样，用起公司电脑就好像是自己的一样，毫不见外。

这个同事大概就是这样，他接私活。本来不是什么太大的事儿，就算是看见了，公司也是睁一只眼闭一只眼有时候就过了。但是这哥们儿，接了私活，可能是赶得急了，就用公司邮箱发了。公司人力资源的人搜索关键字，就在后台查到了这邮件，这哥们儿就废了。

哥们儿是开发部门的，开发部门的代码都算是公司的。他接私活在家写一下其实没人管，但是你用公司的电脑，公司的邮箱

发出邮件，这就得拿出来说道说道了。本来就是一小事儿，扣上倒卖公司资产的大帽子，这同事一时半会儿还真不好翻身。

可能你的公司邮箱是你专属的邮箱，你就以为这个邮箱是你的？天真！你所有的邮箱其实在邮箱公司的后台资料都是可以被调取的，比如当你犯罪，警方就会令邮箱公司协助调取你的邮件信息。同样，你的公司邮箱，用的局域网往往是公司内部网络，连你上网浏览什么都是会被查到的，更何况是你的邮箱？

所以不要用公司邮箱过多地参与你的生活。你用公司邮箱过多地介入个人生活，那么你的生活就会全部被曝光。

你以为删除就可以了？只要是你发过的就会全部在服务器上，任何时候想查你，一清二楚。

在公司里面我经常收到一些群发的搞笑邮件，或者打开是恐怖图片，吓你一跳。如果不幸的是，曾经你给同事群发过这样的邮件，建议你以后不要再发了。因为你经常发这些会让别人觉得你整天没事做，所以才发这种邮件。更不幸的是，或许收到这样的邮件的同事把这个邮件转发给一些领导了，或许他也是为了让领导高兴，但是领导们可不会这么想，你很有可能在领导的眼里会变成整天无所事事的人。

我的第一份工作，在入职的第一天就拥有了一个公司域名的邮箱。那是公司每年花大价钱买的，很有安全保障的。我一看这邮箱，洋气，域名是公司英文名，一串长英文，讲出去还真是很有面儿。后来由于对这个邮箱过于喜爱，我注册很多东西都用这个邮箱。本来没有什么问题，直到我离职。

离职之后我发现，我的邮箱用不了了，用邮箱注册的很多账号也都用不了了，我忘记了密码也没有办法用安全邮箱找回了。我只能一个个打客服看能不能解决。那一段时间还真是我的灾难。还好损失的也不过是一些账户和账户里的一点小钱和积分，但是，也足以让我长记性。

你离职之后公司邮箱是用不了的，它不是属于你的，所以不要把公司邮箱作为各种通信邮箱。前几年招聘，看到一些孩子用上一个公司的邮箱，当作自己简历上的联系邮箱。我真的是看到乐了出来。如果不是足够优秀，我不是不会给这样的应聘者发面试通知的：一来，我质疑他的头脑；二来，我可不想让竞争公司明晃晃地知道我就是这么撬人的。还有，我也很担心，这邮箱根本就是个空头邮箱，人可能都离职了，邮箱都注销了，我还哪里去招聘人呢。

这样说来，邮箱其实也是公司监督你、公司人力资源部门分析你的一个途径。如果你的邮箱邮件过于生活化，人家看你邮箱就像是看你的朋友圈，五花八门，给各种人的各种邮件各种约，说不定还能看到你接私活，甚至是吃回扣，你说这多不好。

不要乱用公司的邮箱，即便是个多么开放开明的公司，HR们在你不知道的角落正在通过各种途径了解你，甚至误解你。公司邮箱也是你工作的一部分，你要把生活和工作分隔开，不要用

公司邮箱处理私人事件，也不要用公司的各种网络完成各种私人生活。我之前有个做后台运维的朋友在一家游戏公司工作，最喜欢的就是在后台看谁又下小黄片儿了，谁又工作事件发邮件了，甚至还能看出谁出轨了！

所以，不要用公司的邮箱和网络来处理你私人的事情，后患无穷啊！

12. 每个人身边都会有个“装小姐”

工作过一段时间之后，总是能见到一些比较特别的人。如果说肖飞的自恋让我开了眼，有些同事的自我感觉良好还真是冲破云霄，令我大开眼界。我给大家介绍一下这样的同事，讲讲我经历过的趣事，以及跟这样的人相处时的一些原则。

我有个同事朋友，简称装小姐好了，装小姐的口头禅是“这个是什么，好 low 哦”。Low 似乎是她人生的核心词汇，而高端不 low 似乎是她的人生信条，被称作 low 是她最怕的事情。

以下几个示例，请大家谨记不要再犯。

有一次，我们同事几个人中午吃完饭回公司的路上，路过一家咖啡店，咖啡店里飘从浓厚的咖啡香，一女同事就狠狠地吸了一鼻子说，好香啊，想喝咖啡了，一会儿买一杯。

装小姐点头说，是，这应该是哥伦比亚的小粒咖啡，味道比

较温和醇厚。比大粒咖啡闻到要温和许多，酸度也不是特别大……

不太懂咖啡的女同事一时之间不知道说什么，匆匆地说了一句“哇，你知道好多”，就逃似的跑去买咖啡了。

装小姐似乎受到了鼓舞，一路上给我们大谈咖啡的鉴赏，滔滔不绝……

后来过了几天做成了一单大的，大家准备出去吃饭聚一聚喝一喝，装小姐倒是很主动说她来订饭店。

吃饭的时候，大家惊呆了。

装小姐带着大家去了一家颇为小资的港式茶餐厅，里面吃饭的人安安静静的，公司一行大汉们去了不自觉地不敢说话了。

之后的情形很诡异，装小姐坐在正中间像个贵妇，拿着餐刀和叉子，故作优雅地小口品尝着。

周遭等待着推杯换盏的男人们看着盘子里精致的小鹅肝、小牛排和小蛋糕，也是吃不出来庆功的氛围。

有个老同事为了化解尴尬就说，自己算是个业余老饕，吃完这餐垫垫肚子带着大家到胡同里去这一带的一家涮肉馆子，啤酒是青岛原浆很棒，到那儿好好喝酒。

装小姐拿下餐刀，拿餐巾擦擦嘴，看着老同事说，我家是四川的，我觉得川菜很好吃了，所以我就对中餐没感觉，倒是对法餐、意大利餐、西班牙餐挺感兴趣，啤酒我只喝德国黑啤和比利时白啤酒……

之后的五分钟我们处于一种莫名的尴尬和安静之中……

以至于后来吃饭大家本能地避开装小姐。

装小姐不仅是对吃的，对服装也一样是个讲究人。

同事里有个男孩，很年轻，穿衣服也不是很讲究。有一天他穿了个黑 T 恤。

装小姐看了看男孩，摸了摸男孩的衣服，说，这看着好 low 啊！牌子没见过啊，淘宝的吧？

男孩看了看装小姐，没和她计较，说，不是，地摊的。

装小姐更加自信了，说，对嘛，看着就不好，我说你们年轻人啊，得穿出自己的品位，不能因为自己工资低，就穿地摊货……

装小姐不知道的是，这男孩是 24k 纯富二代，衣服都是美国买的牌子货，装小姐当然没见过……

装小姐有个男朋友，一米八，名校毕业，科研所工作，月入过万，也算是风趣幽默。装小姐一米五二，国字脸，总是跟我们说，她男朋友配不上她，她这么美，这么有品味，可以配得上更好的人。

装小姐美吗？不美，至少以我一个正常男人的审美来看，的确不美，反而她男朋友还有点小帅。我们搞不明白装小姐哪里的自信觉得这男孩配不上她，只当是有些事儿，我们外人也不懂的。

后来，他们分手了，男孩的下一个女朋友，凑巧是肖飞的同事，美女制片，人也体贴大方。我想大概我们的判断没错，真是装小姐太自我感觉良好了。

装小姐在服装、饮食、品酒，甚至是后来兴起的品水都颇有“建树”，渐渐地成了公司里大家疏远的对象，成了大家口中的“装

小姐”。

后来的工作中，我总是能遇见一个又一个的装小姐。她们总是自我感觉良好到令我们瞠目结舌；但是更多的，她们喜欢把自己的优越感建立在对别人的嘲讽之上。遇上这样的同事，我来教教大家如何应对。

首先我跟大家分析下装小姐们的心理。往往这样的人，都是越缺什么越炫耀什么，她努力伪装的一个方面，往往是她的弱势，或者说是她曾经的弱势。比如真正有钱的人都是不爱炫富的，因为富是他们生活的一部分。就好像你每天吃米饭，你会去炫耀你吃得起米饭吗？

我们公司的那个装小姐，就是因为小的时候家境不好，长大后没有办法坦然接受这一切，以为怕被别人看出来自己曾经的贫苦，就一直把自己伪装成品味高雅的人，却做得太过了。

你们觉得这样的装小姐值得同情吗？理论上讲，是的，我也这么觉得。直到后来公司里来了一个踏踏实实的小同事，穿着朴素，大大方方地说自己得给家里攒些钱，让爸妈不再那么辛苦地工作，所以也不常参加我们的聚餐，也不乱花钱，人淳朴真诚到让我们不得不更加尊重她。同样不幸的出身，装小姐却把自己活成了别人茶余饭后的“笑话”，之后我就不再同情她了。虽然看着她我还是不会和那些同事一样嘲笑她，但是心里那种不忍苛责的感觉，我想大概叫怜悯吧。

站在这个角度上讲，似乎装小姐们，挺可怜的，她们不知道，她们过于强烈地自我高贵，把她们自己活成了别人的笑话，并没有想象中的高贵。

这样想来，我想大家也开始会和我一样，对装小姐们不忍苛责，毕竟我们大可不去和她们计较，哪怕是她们的言语伤害了我们，那又怎样呢？我们何必要去和她们计较？

如果你的心理实在难以平衡，在被装小姐的言语气坏之后，你大可用“狮子不会因为狗吠而回头”这个理论来安慰自己。想一想，我们何以要被自己怜悯的人气得半死，那自己岂不是太可笑了，自己不就要变成别人怜悯的人了。

说完这些，不知道有多少人开始自省，自己是不是被人叫装小姐？或者某一方面是不是也很装小姐？又或者也有些缺失，很想努力地伪装，却开始变得滑稽了？

如果你并没有，那么你的生活中有没有装小姐？如果有的话，试着善待她们吧，毕竟她们活得没有我们明白。我们这些明白人，就不要再做糊涂事了。

04

Part 4

在真实的世界里锤炼自己

1. 努力工作公司就会给加薪吗？醒醒吧，少年！

升职加薪，一直是职场一个棘手的问题。我要不要争取下加薪？公司会看到我的努力，自己说加薪多不好意思啊！万一我提了，公司不给我加薪，那岂不是很没面子，我是不是要离职？

不知道大家记不记得我有个 2000 块月薪干了一年多的朋友，其实，当他觉得自己的工资太低，然后和领导商量涨工资，基本是肯定会得到加薪的。为什么呢？因为后来他的下属都是 3000 块啊，既然公司会给一个新来的人这么高，说明这个职位值得这个薪水，那么朋友是这新人的领导，有什么理由拿到比这个还少的工资吗？没理由！

所以当时朋友早点提加薪，早点就脱贫致富奔小康了。

很多实诚的人就觉得，不好和领导提加薪，一是不好意思张不开嘴，二是觉得自己表现好，公司自然会给自己加薪。

错！首先，觉得公司会看到自己，然后主动给自己加薪就是个错误的思想，比如我的这位朋友，公司给他主动加薪了吗？我们姑且善良地认为是公司忘记了，忘记了他的工资低得可怜，那么他不提，公司永远想不起来。或者公司就是觉得这孩子是个傻大头也不一定呢。

我在视频网站工作了很久，都没有涨工资的迹象，就和狗哥叨叨，说是公司是不是忘了我了？还是我水平人家没看上？

狗哥笑笑说，看不上你还给你升职啊。

我说，那不过是职位空缺，顺延就上去了。

狗哥说，你觉得你在公司重要不？没了你能产生多大的影响？

我想了下，觉得自己还是挺重要的，没了我，下面的人一时之间还顶不上来，还是有些问题的。

狗哥说，那你就直接提！找公司，涨工资！

我赶紧摇头，不行不行，咋说啊，我去找人事说，给我涨工资！

狗哥说，语言委婉，但是直抒胸臆。

我说，我觉得，我还是做得不够好，我要是好了，人家不久主动给我涨了。

狗哥说，扯淡，你狗哥我是当过领导的人，我对于涨工资这事儿特别健忘。一般想不起来给下面人涨工资，除非特别好的。

我说，你也太苛刻了。

狗哥白了我一眼说，才不是呢，我也是有领导的，我得站在我老板的角度上讲，没有完美的理由就想从领导口袋里拿钱出来？那我不是要得罪老板了！你想想，对于我的升职加薪，是让我的老板开心了比较重要，还是我的下属？

狗哥说，现在你明白为啥人事跟你谈工资都尽量压工资了吧，压低你们的工资能讨好他们的领导，你说为啥还要给你那么高的工资？你觉得你重要，就去提，不要不好意思，就算不给你加薪，只要你脸皮厚，也不需要辞职。给别人打工的，要啥脸皮啊！

后来我就勇敢地主动提了涨薪水的问题。结果当然是好的，这样一个月能多吃好几顿肉呢是不是？

对于薪水，公司和员工之间永远都不能达到双方都满意的双赢，很多人对自己现在的工资并不是很满意。那怎么办呢？等公司主动给你加薪？不要太天真！很多朋友认为如果我做好自己的事情，做出业绩了，公司肯定会给我加薪。是的，某种概率来讲，公司兴许会给你加薪，但是加薪的幅度肯定不能达到你的期望。

我在公司里看到很多实例，很多同事都幻想“到时候”公司会加薪，或害怕自己提加薪之后老板有什么想法所以不敢提出来。那么，如果你不敢提出加薪，公司给你的可能就是一个平均值或略高于均值的薪水。很可惜，这不是你所希望的。

当然，如果想要加薪，你先要弄清楚你的“价值”，而且必须站在公司的角度想。如果公司认为你没有“加薪的价值”，你还“恬不知耻”地提出要求，那你很有可能会被裁掉的。

以下几个方面你需要注意。

一是证明你的“价值”：如果你在公司整天无所事事或者看起来无所事事，那不用想也知道公司一定不会给你加薪的。在要求之前你必须要证明你的“价值”，这让公司才会心甘情愿地给你加薪啊！不然可是要偷鸡不成蚀把米了。

二是提要求：像前面所说的一样，几乎全部的公司每天都想着怎么削减成本。如果你不要求，公司当然觉得这是一件好事情；除非你要求了，公司怎么会自愿给你涨很多工资呢？可不要想着哪天会出现奇迹，你也不是偶像剧的男女主角。如果你觉得自己是有价值的，那就要求吧。如果上司认可你，他会倾听你的要求，并且在聊的过程中不能让你老板成为你的“敌人”，交流的最后如果结果不尽如意，有一句话一定要说“不管怎样，我还是尊重你的决定”，因为有些时候由于某些原因老板也有身不由己的时候。

三是千万不要威胁上司：如果你还想待在公司，在要求加薪时，千万不要威胁你的上司，比如不加薪就离开公司或跟上司说谎说已经拿了别的公司的 offer 等等，小心上司真的不买账，你就搬起石头砸了自己的脚啊。你的立场必须是“我很喜欢这个公司和目前的工作，但是呢，目前的工资跟我实际做的工作有一些差距，我希望工资能体现自己的价值”等。

四是千万不要抱怨：即使最后的结果不是很好，比如不给你加薪或没有加到你理想的数额，这时候你可能已经明白了自己的短处或老板对你的看法，也让老板明白了你并不满足现状，不要用激烈的言辞抱怨，一点也不要。如果你没有打算辞职离开这个公司，你需要做的是立即开始弥补自己的短处和提高自己的业绩了，下次再用更强烈的事实来证明你的价值。如果你能这么想，那么可能这次没有成功，但是你离下次成功就不远了。

跟老板提加薪要求当然不是一件容易的事儿，因为你害怕“如果我要求涨薪，万一老板干脆不要我了怎么办？”。但是生活经验告诉我们，大多数那些你想象的最坏的情况并不会发生，大多数的提加薪情况都会比你什么都不说要好很多，即使有一些副作用。偷偷告诉你，这个我很肯定，因为我曾经尝试过。公司或老板很健忘的，因为如果薪水不是从你上司的口袋里出来的话，过一两个月他就会忘掉这件事情的，工作那么忙，谁记性那么好呢？

2. “上位”没有你想得那么简单

上回书我们说了加薪一定要提要求，逻辑就是，你不说领导可是不会主动加薪的。这回书我们聊的是加薪的姊妹篇——升职。

有朋友说了，我升职也要主动提，不提领导会忘记的，不提怎么能够表现出我对公司的热情，我不提领导可是不会记得提拔我的。

我只能说这个想法，基本是完全错误的。既然说加薪必须要求，那升职呢？这个一定不能要求，一旦你申请或要求晋升机会，它基本上就会与你失之交臂。升职可不是主动请缨，不是毛遂自荐来的，而是上司通过认真考虑之后给予你的。

不知道大家有没有试过，主动要求升职的最后，不仅不会得到想要的，往往还会失去更多。

我在做部门经理的时候，遇到过一次下属要求升职的事情。

那个下属，是我很看好的一个孩子，做事稳妥，人也谦虚，我想着差不多下次人员调动，可以把他提上来，好好培养一下。

不料一天下班，这男孩主动找到了我，支支吾吾说明来意，我才明白，这男孩是想要升职，加薪不是特别重要，他觉得他可以做主管了。

说实话我是有些吃惊的，我很意外他这么看重职位，不在乎薪水。我便开始揣测，这男孩不要高薪却只要升职的目的。目的不确定是什么，但是我却觉得这孩子不像我想得那般单纯了，至少有些自负自大的字眼跳进了我的脑子里。

我还是想给这男孩个机会，跟他说，我考虑考虑之后给他答复。男孩乐呵呵地走了，我却开启了侦探模式，我不断地去考量这个人，从个性到业务，到底能不能承担一个主管的职务。

最后，不幸的是，男孩并没有得到他想要的升职。

原因是，我开始仔细观察他和他的业务之后，发觉这男孩比我想象得浮躁，太年轻，急功近利，这些都是我以前不曾发现的。或许，其实他本来不这样，是我因为他的毛遂自荐变得苛刻也不一定。

其实，本来按着人员的顺延，过不了多久这个位置可以是他，估计也一定是他。但是在他提出来之后，我仔仔细细地考察了一下，除了发觉他自我定位不准、人不稳重之外，这个请缨也让我觉得他这人有些自负自大，反而觉得他需要再锻炼锻炼之后才能胜任。

其实对于升职这个逻辑很好理解，我给大家举个例子：有人跟你说，他见到一个姑娘特别漂亮，美得跟天仙似的，肤若凝脂，面若桃花，眼眸似水，唇如樱桃……你满怀期待地等着见这姑娘，你相信吧，等你见到的时候，你往往会觉得也不过如此吧，哪有说得那么美！

相反，要是有人什么都不跟你说，你看到这美女，大概就会觉得，挺美的啊！哎哟，还不错噢！

就是这个道理，你跟领导说，我行，我怎么怎么厉害。领导就会想，哟！小子，你质疑我的判断力。你想想要是领导听你说完，给你升职了，那岂不是证明他错了，他不识千里马，还要千里马来毛遂自荐。

这么想来，领导怎么可能承认自己错了？他必定想尽办法来证明自己是对的，来证明他不让你升职是有道理的，你还需要历练；等你的能力到了，他自然是会提拔你的！记着，没人会喜欢承认自己错了。

其实站在上司的角度上讲，这件事也是讲得通的：在上司还没有确信你能成为管理人员之前你就先要求了，这就好像是你不选择从大门进，而是要穿墙而过，直接进到内部，这就太不靠谱了些吧。

因为如果上司还没有确信你的能力已经到了可以升职当领导的地位，但你却先提出来了，理所当然地，他会觉得你还没有成熟，或更坏地，他会认为你比起公司的利益更在意自己的私利。

那么上司到底以什么来判定一些人能不能升职呢？

领导们在决定晋升人选时除了业绩、工作能力之外，还会考察很多其他的能力，比如领导能力，比如组织能力，比如权衡利弊的能力，等等。

而且作为管理人员应该要沉得住气，该谦虚的时候需要谦虚，人要沉稳很多，你事先提出来会破坏你的形象的。就好像我的那个下属，他的毛遂自荐就让我觉得这孩子沉不住气，好像是那些年要篡位的太子一般，就那么迫不及待等不了他老子咽气，非要逼宫上位？

既然升职不能声张，难道要坐等吗？只能是默默等待着领导发觉自己这块璞玉吗？当然不是了！当然也是有办法的，最简单的一个办法是，你可以做成一个领导以为的你能力之外的事情，让他对你刮目相看。这个方式恰恰会促使领导去思考，你是不是可以升职了。这是比较保险的做法。

关于如何让人对你刮目相看，那么就要看你怎么表现了。你可以主动负责一些重要的项目、要提出帮助其他部门面临的棘手的项目等。一定要抓住机会让上司看到你的能力，看到你的热情。

如果你的上司已经感觉到了你的能力、你的热情、你的与众不同，那么想想看，升职不就是指日可待了？

你可以主动请缨承担责任、承担任务，但是不能主动请缨升职。你想想看，从古至今，主动请缨、立下军令状的，不都是死士？

提头上战场的，都是要去承担风险的。哪有人自告奋勇地说我要当大官的，是不是？

不过，很多时候，我们也不能因为得不到升职就自我否定，觉得自己不能够升职一定是自己做得不够好，然后就在一个岗位上死磕。你要跳出来评估，你的工作是否有上升的空间，你的业务水平是不是超出常人，是不是你的领导只是不看好你、不喜欢你，而不是你的能力问题。要是你多方考量，发现其实迟迟不升职是领导的小鞋的时候，那就大胆地走吧。去他的，老子不伺候了！

这回书，我们说，加薪要主动提出，但是升职可是万万不可以的。合理把握升职加薪的节奏，脱贫致富奔小康，迎娶白富美，也是指日可待的，是不是？

3. 不要陷入公司里的矛盾之中

这是一个很黑暗的议题，今天我就要给你们这些活在偶像剧里的孩子，戳破些真相：其实职场生活不是偶像剧，更像宫斗剧！不信，给你讲个故事。

我们部门有个小图，工作得好好的，后来突然就离职了。至于他为什么离职，今天我就给大家细细掰一掰。

小图离职，一开始我们都以为是他待不住了就走了，后来我们才知道，其实是郑哥容不下他了。

小图刚毕业，做工作有些不靠谱，没什么眼界，不太懂人情世故，分不出来好坏人，老话叫有点轴。

小图看起来特别热血，总是很热情地围在郑哥左右，话说得特别漂亮，活干得可没有话说得利索。但是他有热情啊，帮着郑哥忙东忙西，有的没的也把自己搞得像是个得力助手一般。

部门嘴巴最毒的小富婆兔子就经常不屑地看着小图，阴阳怪气，冷言冷语，说他狗腿子。小图也听不太出来，照例该怎么活还怎么活，热血青年。

后来部门里了个大项目，是郑哥的资源。郑哥想让我帮着他搞完，小图热情没等我说话，就把活儿都拦了过去。一来这个项目也不是什么不好做的活儿，二来有这么热情的下属，郑哥也就没好说什么。

这项目里，郑哥其实能得到很多好处，不只是额外的钱这么简单，这个客户，郑哥准备拿下，成为郑哥媳妇注册的小公司的稳定客户。关系都不错，这次项目的金额和合作得愉快不愉快就很重要了。

小图不知道这个啊，小图想着得给公司赚钱啊！不论多少，客户是要拿下的，就在郑哥面前一直建议把价格降低。郑哥当然是不乐意的，郑哥的算盘是，公司给的价格高，他卖个人情，把客户搞到自己家的公司。还是同样的人，同样的工作质量，换了个合作公司的名头，价格就能便宜不少，郑哥想用这个稳稳地抓住这个客户，成为日后自己家公司的资源。

小图为了公司想压价格，郑哥当然就不会压价格了！我们一开始不知道这么多事儿，有些费解。小图就更不明白了，在公司里一直嘟嘟囔囔，说是谈不下来提成都没了。其实小图能拿到的提成也就几百上千的，郑哥的提成不过万八千的，郑哥当然是要放长线钓大鱼。

郑哥后来一气之下，就不让小图跟着做这个项目了，后期是老白跟着对接的。老白工作很多年了，是个明白人，一看就明白了，郑哥说啥是啥，这活儿很快就结束了。郑哥还给他包了个大红包，气得小图在背后嘟嘟囔囔。

项目结束了，郑哥却是记住了小图短路的脑袋，留着他迟早要坏事儿，就找了个理由把小图请走了。

这几年有个剧很火，我一个大男人竟然也看得无法自拔，好羞耻。大概是看着甄嬛娘娘一路通关升级比较过瘾吧。

《甄嬛传》里有个皇后，大 boss 级别的，人前倒也是“端赖柔嘉，温恭懋著，贤惠体贴”，张口闭口都是皇上、皇嗣，看似忠心耿耿，实则每一步的算盘都为自己打得响亮。皇后没有孩子，她就不能让别的嫔妃诞下皇子抢了她未来皇太后的位子。这个满嘴满心都是为了皇上好的女人，却杀了皇上好几个孩子……

皇上就像是你的大老板，皇后就像是你的小老板，你的小老板有可能为了自己的利益打着自己的算盘。那如果有人忠心为国，揭发了皇后，会怎样呢？

你可以这么想，甄嬛从第一集一直缠斗到倒数第四集，混成了熹贵妃，才打倒了皇后。如果你只是个小人物，单凭你就想赢，别傻了，你还没动就被皇后灭了。宫斗剧里，你都活不过两集。

剧里有个妃子叫安陵容，她为了生存只能依附皇后，还是不敢随便怀孕，被皇后制约得死死的。她清楚地知道，不是每个皇后都是为了皇上着想，也可能是为了皇后自己，她要依附这皇后，

就要清楚，一味地为了皇上着想，可能是会得罪皇后的。

所以我们在工作岗位上，不仅要认真地工作，也好揣摩领导的“圣意”，不要死脑筋触了老板的霉头才好，不然你还没发光发热就被踢出局了。

上学的时候我们可以实在一些、实诚一些，可以不考虑情商的问题，也不用考虑复杂的人际关系。但是进入职场，脑子必须要灵光起来，处理好人和人的关系，躲避开一些不必要的麻烦。也好让我们事业的康庄大道更加坦荡一些。

4. 你要怎样努力，才能让梦想落地？

之前说过我有个朋友肖飞，毕业之后要去当编剧，然后就去当了……梦想和现实，鸡汤和面包，他选择了喝着鸡汤坚持他的梦想。毕业的当口，我想请大家想明白，何去何从。

肖飞在度过了无数落魄日子，蹭了我和狗哥无数顿饭，还在我们客厅睡了两个月沙发之后，终于有一天对我们说，请我们来顿好的！

肖飞把我们约在了一个吃饭发围裙、水果小菜免费自助的相对高档火锅店，肖飞说放开了吃！但我们还是没出息地多吃了点儿自助的小菜。不是没出息，是想给肖飞省点儿钱。

毕竟他的第一桶金还要撑着他活过不知道多少个没有收入的日子。两个多月吧，所以这顿之后，肖飞还是要勒紧皮带地活。

肖飞改行当编剧有两年了，两年没见他穿过新衣服，没见他像以前那么矫情，护手霜都不擦了。肖飞一开始没收入，后来也没有，靠着之前的积蓄和一个开跑车的朋友活过一阵子，后来他就开始吃土了……

后来肖飞说，那段日子他最常吃的是西红柿面，可不是普通的西红柿打卤面啊！他买挂面煮一点，放半个西红柿，加点盐，然后骗自己说这是西红柿打卤面，就那么吃了。

那段日子，肖飞来我家连方便面都觉得好吃……这是我认识他这么久，第一次见到这么不矫情的他。

后来他情况渐渐好些，但是还是不能脱贫。写作这东西有一顿没一顿的，他活得好了，主要是他找到了些副业。那时候互联网刚刚兴起，肖飞开始给一些博客写软文，这玩意他在行。还有更不靠谱的，肖飞还接给学生写作文的私活……也就一篇 10 块钱吧，反正他啥活都接，演讲稿、小作文……

肖飞是个典型的梦想主义者，肖飞毕业的第三年，活得也依旧不容易。有一天肖飞接到个电话，说是找他写个情景剧，一集 2000 块。肖飞穷疯了还想讨价还价，说不行，一集 3000 块！

人家连给肖飞还价说 2500 块的机会都没给，就直接说，那肖老师，咱有机会再合作吧！肖飞那个悔啊，他说，其实那时候，他 1000 块都写，不知道脑子怎么“秀逗”了，竟然想多来点！

肖飞第四年的时候，有些作品了，但是写的东西还是没那么值钱，不过是不用再吃西红柿面了。肖飞实在穷了就背个小包去流浪。也不是真的流浪，他就背个包，买个硬座，到个旅游城市，进个青旅当义工，给口饭就干。那些年青旅不多，能有勇气住青旅当背包客的，大多是有故事的人，肖飞就听他们讲形形色色的故事，搜集素材，搜集这世界上各种各样的人。

第五六年的时候，肖飞开始有些联合署名的作品了，开始在电视上播放了，但是写电视剧不是他想要的，他想写电影，那种让人看了拍案叫绝的电影，他说那是每个电影人的梦想。不过那些年的电视剧还不像今天这么“精彩”，那些年的电视剧还是挺有意思的，肖飞塑造的角色尤其成功，他见过的人多，写得自然就好了。肖飞这几年有些进账了，开始能孝敬父母，能给自己买些喜欢的轻奢侈品了。他本来就喜欢那些浮夸的，忍了这么多年，也是为难他了。

肖飞说，挺遗憾的，有些东西过了那个年龄就不喜欢了，以前喜欢的买不起，现在买得起了，却不喜欢了……

肖飞第七八年的时候，他买了房。可不是现在涨价涨飞了的这些，他在北京郊区买了个带院子的平房。自己在院子里种了些菜和葡萄，养了条大狗，把平房改造的成了杜甫草堂一样，颇有感觉。我周末会去小住，吃点无化肥的蔬菜，感觉挺好。肖飞这几年已经能够在家里写作了，不用跑来跑去，也有很多人开始尊称他肖飞老师了，作品也开始多了起来。

肖飞的第八九年，活得一般吧，还是没人拍他最中意的作品。

除了写片方的那些作品，肖飞投入更多的时间写写自己喜欢的东西。他在琢磨个大事儿，很多年前就想做的大事儿。对了，肖飞最赚钱的时候，买了个宝马，不过穷的时候油都加不起。

肖飞的现在，我想跟大家说，其实他活得还是不好，因为英语实在太差了。是的，肖飞去美国了，他酝酿了这么多年的大事儿终于做了。他想去美国学电影、写电影，然后他就攒钱；拿到了 UCLA 的录取通知书，他就去了。

昨天，我和狗哥刚刚送走了他，早知道他要走，现在终于走了。结束了北漂，刚过上好日子，他又去美漂了，就知道他消停不了。

我没法评论肖飞的选择。他是最极端的那个人，他破釜沉舟，饿着肚子在北京飘着，和现实抗争着，最后生活给他的馈赠，至于值不值，见仁见智吧。

我不知道肖飞有没有后悔过，但是我记得这么个事儿。

很多年前，大概是他的第六年的时候，我和肖飞看过一场电影。过程中肖飞紧张地看着每个人的表情，结束的时候，有人夸有人骂。我和肖飞坐在椅子上没动，目不转睛地看着片尾字幕一行一行。致谢都放完了，片子关了，影院里空荡荡的只有我俩，我一转头，看到肖飞的泪眼盯着屏幕，边哭边笑。

那是肖飞的第一部院线片。我知道，做到这般，他便已经觉得是值得了。

梦想还是现实，我不做评论，只是给大家讲一个人，讲个故事。北漂不容易，或许你会更幸运，少吃点儿苦也是不一定的事儿。

有一句话说，梦想很丰满，现实很骨感，肖飞为了丰满的梦想，生活得很骨感。想清楚为了梦想赴汤蹈火，还是生活在现实的水深火热中，哪个都不好受，都是要很努力地活着。请大胆地选择吧，伸头缩头都是一刀，选个喜欢的吧，是不是？

梦想和现实，站在抉择的路口，一定想清楚，你要怎么活。

不过，我觉得，如果你是肖飞那样的人，请像个勇士一样地活着吧！

5. 人脉的重要性，再怎么强调都不为过

21 世纪最重要的是什么？人才！那么 21 世纪职场上最重要的是什么？人脉！人脉到底多重要，今天我给大家来讲一讲。

我有一个女性朋友，大专毕业，不是什么好学校，想着留在家里没意思就来了北京。刚来的时候是学校安排的，在一家药厂工作，吃住都在远郊。

女孩在那个单位待了快一年，感觉实在没什么发展，就开始找别的工作。女孩知道自己资历不行，找工作也不挑，她觉得有发展的，给钱就干。就这样她进了一个美妆杂志社，说不上来做什么，就是打杂吧。

她想进广告公司做媒介，所以她就格外留心这些方面的人，在杂志社逐渐认识了一些人，找了个机会，她就跳到了一家不算大但也不算小的广告公司。公司里，女孩抓住一切机会，认识各种人，还交到了很好的朋友。

也正是这些朋友，帮助女孩在半年之后成功跳进了 4A。

瞧一瞧，人脉就是这么重要，还能帮你找工作。

我在视频网站工作的时候，曾经发生了这么件事儿。我们做了电视剧的植入项目，本来一切谈得好好的，因为片方需要钱，所以聊得也一直挺顺利。

后来这个广告主植入了其他的电视剧中，效果不好，反响也很负面，广告主就犹豫了，思前想后，竟然在开拍前五天，突然决定不投了！我心中有无数只羊驼奔腾。

让我们最火大的不是我们之前近一个月的工作付诸东流，而是片方很需要这笔植入的钱，也很重视这次合作，如果我们在开拍前五天突然变卦，即便是广告主的问题，那也会让我们的信誉大打折扣。

大领导很着急，跳着脚骂爹骂娘骂了广告主祖宗十八代。整个组也都在纠结到底谁去告诉片方这个噩耗……

我想了想，有一个无奈的下策不知道可行不可行。和大领导商量了一下之后，大领导让我马上行动。

具体是干什么呢？我有一个老同事，是我第一个单位认识的，这么多年走动得也不错，对我也是很照顾。他现在在一家保健品公司的市场部做二把手。

我赶紧联系了老同事，跟他说了情况，价钱好商量，请他帮我这个忙。老同事也是够意思，跟他老板说得天花乱坠，最终答

应做这一单。

我硬着头皮和片方商量，说是广告主变卦，给他换了一个，全部门的人连夜加班赶剧情，把损失降低到了最小。

片方也是个明白人，知道这事儿其实也不怪我们，是广告主不行。但是对于我们的积极应对和替他们降低损失的行为，他们表示很欣赏，很放心以后和我们继续合作。

这件事情，对于我的结果就是，我不仅拿到了不错的提成、老板的红包，还升了职。这样说来，人脉是不是挺重要的？

有很多人说，我们知道人脉重要，但是，我们没那个女孩的交际能力，也没有你那么好的运气，我们怎么把握人脉？

首先，你得认识更多的人，其中的某些人才有可能在某个特定的时刻成为你的人脉。你连人都不认识几个还想着能有人能帮你？

如果你认识的人中不超过三种职业，那么你就要考虑下如何能认识更多的人了。参加户外活动，参加朋友聚会都是个好方法，重要的是，你别把自己禁锢在一个人际区域里，你走出去，你能认识别人，别人也才能认识你。

如果你的朋友还不算少，但是，你仍旧在需要帮助的时候感觉到无助，无人照拂，那么这个可能是你自己的原因造成的。改造这个需要些时间，不过至少已经开始做了，改造的是，你要乐于助人。

你要帮助别人，有一天别人才可能帮助你，这是一个概率问题，很多时候我们会做无用功，我们无私地帮助了很多人，但是真正需要的时候，却很少有人能够伸出援手。没关系，人不在多，我们只有做一个给予者，有一天才可能得到回报。没有一个人愿意帮助一个从来不帮助别人的人，是不是？

你认识很多人，你的人脉要维持，不是交换了微信，然后大家就是朋友了。这个浮躁的社会，大家都是很健忘的。你认识一个人，长时间不联系，你就会开始怀疑，你们曾经认识过吗？或者根本上，你就开始质疑，这是谁啊？

所以你要维系住你的人脉，微信朋友圈是个很好的功能，随时给大家点个赞，合适的时候评论下，不至于让大家忘记你这人的存在。过年过节的时候，祝福一定不能少了。祝福信息要注意，一定不能是群发，文字不用华丽，只要简单质朴，让别人看得出你是在跟他对话而不是一大群人就好。如果是特别重要的人，发信息之前，可以看看他的朋友圈，发过祝福信息之后，可以稍微聊一聊，让人知道你一直在关注他，而且距离并不疏远。

留住人脉的另一个方式是，提高你自己。你想想，别人对于你来讲是人脉，你对于别人是什么？如果你没有一点儿用处，对别人不会有任何一点儿帮助，站在功利的角度上讲，人家为什么要认识你，成为你的人脉？

你要不断地变强，当你的身份配得上你的人脉的时候，有些人自然而然就来了。当你自己不那么强大的时候，很多人脉你是

留不住的。还是那句话，人家凭什么帮你？

在这个高速运转的社会，人脉就是资源，资源就是你未来发展必不可少的东西。人脉丰富了，你未来的康庄大道自然也就平坦了。这不是很好吗？

很多人想要勤勤恳恳地工作，懒得去搞人脉，懒得去维系关系，这样也没有什么问题，只不过人脉可以让你活得更好一些罢了。我是一个比较懒的人，花时间投资人脉，可以为我创造些不错的便利，在这嘈杂的社会多省一些力气。

6. 论跳槽的优雅姿势

我公务员回来之后，在这家视频网站公司工作了不到两年，职位做到了策划副总监，这一年我开始了我人生的第一次跳槽。

决定跳槽之后，我有两个选择：一是跳到比自己现在公司规模小的公司做总监及以上；二是跳到更大的公司，可能是平级，可能级别还会略低也说不定。

后来我想迎接更大挑战，所以去了大公司。

我的同事和我的决定不太一样，他几乎是和我同一时间离职，他的职位和我差不多，他长我三岁，山东淄博人。同事被大公司挖脚，在我看来这机会很好，但是他却很犹豫。

那段时间，他经常找我聊天。

一天他问我，你说我该不该跳槽？

我想了下说，理论上讲跳是应该的，看你怎么走了。

我这个人一般不给别人意见，主要是胆子小，怕给人家指点错了人生，赔不起，还落下埋怨。我打算听着他的想法。我知道他是想听到我对他说，他的决定是对的。我不敢这么说，没人能说从来没发生的事儿到底是对是错。

同事说，孩子两岁之后我一年就见着了两次，你不知道，这小孩啊，真是一天一个样，长得可快了。有一次就隔了两个月，我回去，他就能和我聊天了！问我是谁啊，来我家干什么？认不出我是爸爸了。

我听出来，他这是想回家了，但是大公司的机会太有诱惑力，他还是想拼一拼。

我这同事很早就结婚了，老婆是高中同学原来也在北京。后来生了孩子，孩子在北京没有户口，在北京养着太辛苦，老婆就带着孩子回了老家。同事就两头折腾，也有了快两年了。

我不敢替别人做决定，就支了个招说，你离职前把年假休了，回家待几天，或者带老婆孩子出去玩玩，回来再决定也不迟。

后来像我预料的，同事回家休年假，后来之后直接辞职了，把在北京的行头收一收，打个包就回家了！走之前把能用的带不走的东西都给了我和狗哥，说：你们熬吧，我回家老婆孩子热炕头了！

这同事工作能力很强，他当然不会就这么回去了！他走之前谈了两个公司，都在青岛，一家公司给了他个副总经理的职位，还给了股权，薪资按年薪拿，外加绩效和分红。

同事拿着在北京攒的钱和公积金在青岛买了个小房配了个小车，把老婆孩子接过去，从此我们单身狗艳羡的生活就那么开始了。

我就去了更大的公司。这是个跨国公司，我算是平级跳，但是因为公司体系太大了，所以，我从之前的管五六个人，一跃管理了九个人！你们以为我会说几十人吗？当然不，但是这九个人分成了两组，而且工作能力真的不容小觑，一个人顶三个人用吧。

所以仔细想想，我算是升职了吧，至少工资是涨了不少的。这家公司格局比较大，不会在用人上在乎那一分一厘，可能是觉得还算值，给我的价钱也不低，而且是十六个月的薪水。这就表示，过年的时候我可以带着父母出去走走了。

说跑偏了，从职业规划上来讲，到底怎么跳槽才是合理的呢？我来和大家来聊一聊。

首先，拿我自己来说，我老哥一个人，来北京就是为了漂的，为了安定谁来这儿啊！年轻的时候给自己的职业规划就是能走多远走多远，能爬多高是多高，那么我就要目光很长远地来规划人生。

其次，你要看怎么跳能让你的职业之路越走越顺。理论上讲，进入大公司，你的机会就会变多，你做的项目就会变得好，你的工作经验就会有更多可圈可点的地方，你整个人的价值就会随之增加。之后无论去哪儿，你都是会更加顺畅。

但是如果继续北漂，也有很多人选择到小公司当龙头，得到了更多的自由和主导项目的权力，当然还有更多的薪水。你不再是一些工作的参与者，而是策划主导者，这也同样会让你的简历增色不少。

跳槽两种方式，要么跳到小公司当领导，要么平级跳到好的公司，总之要有进步才好。

所以这么说来无论跳大跳小，唯一错误的跳槽姿势就是让你自己没有收益。平级跳到小公司，我想这么傻的人在职场剧里可能活不过三天。你要考虑的时候，职位、薪水和自我提升哪一个对你更重要，我一般会选择能让自己学到东西的地方。当然说白了，这也是为了更好的职位和薪水的。

还有一些朋友和我的同事的想法差不多，评估一下留在北京定居的可能性，然后考虑下家里的那些牵挂，日渐苍老的父亲母亲，牵肠挂肚的心上人……如果你觉得你漂得够久了，要回去了，我也是有一些跳槽建议的。

毕竟要回去了，那么你一定要考虑你即将跳过去公司的资质，是不是足够强大，有没有前景，稳定不稳定，可不要你回去了，这公司就倒了，那么你在家乡那个小地方求职可就困难了。

跳槽还有一种，不循规蹈矩型，示例就是我狗哥。

狗哥的跳槽，又可以被称为从头再来！关于这种跳槽，可以参考狗哥的案例。如何姿势优美？你一定要选好了即将入行的职业，首先如果是专业性很强的，那么你够不够资格，要是不够要从头好好学，那么你的心态能不能调整过来，毕竟要虚心低下头，很多人已经做不到了。

另外，你要考虑重新择业的时候，就要对自己负责了，这时的你应该也老大不小了，要跳就了解清楚了这一行业，做好决定了再跳，可不能像小孩一样，图个新鲜，跳过去看看，发现原来和想得不一样，一拍大腿，妈的，早知道不跳好了！

当然，最后一个很重要，非常重要，请画重点！一定要骑驴找马，一定要找好下家再跳槽，绝对不能空想着离职之后我几天就能找到下一个工作，不要太天真。如果你想离职之后给自己放松去旅游、去回家，那么请你在离职前，找好下一份工作，尽可能晚地入职新工作，也不要裸辞！

有个同事想着离职之后出去玩了一个月，他玩回来后，找了两个月工作……

总之，跳槽优雅姿势要点就是，不要裸辞，找好下家，评估利弊，找个机会跳之大吉！很好，垂直入水，没有水花，去掉一个最低分，去掉一个最低分，这次跳槽得到的分数是：满分！

7. 如果你攒了点钱，一定要做这件事

理财这个概念很早就介入了我们的生活，但是对于我个人而言，真正的开始理财从大学就开始了，合理地分配工资大概在我解决了各种债务之后才真的开始，而投资则是在工作了三年多以后开始尝试的。

我和大家聊一聊如何用工资进行理财投资。先说理财，毕竟投资是一个高风险的输出，我们先从小风险的说起。

在我大学的时候，有一段时间有了一些余钱，研究了半天股票、基金，后来发现我的这点儿小钱根本轮不上谈论这些，那么还有一个理财的好方法，虽然土且笨，但是没有任何风险——定期储蓄。

定期储蓄有一个好处，就是没有任何风险，没有毁灭性的不可抗力，银行不会倒，你的那点儿钱也不会有什么风险。定期比活期的利率要高不少，虽然一年也多不出来太多钱，你以为我存定期储蓄只是为了那点利息？

当然不是！定期存进去的钱，中途一般不能取出！如果要取出，你要带着身份证、存折或者存单，然后在营业厅领个号，坐在椅子上等个把小时，排到你再填个表，最后在业务员多方确认你是真的要取出来，然后对你进行“这孩子真缺钱啊”的怜悯及灵魂的拷问之后，你才能拿出来不久之前你下决心存下的那笔钱。

每次我一想到这个过程，就作罢了。所以定期储蓄的作用才不是利息，是帮你存钱！要不然，大多数的人是存不住钱的，信我！毕竟大家都是有社交的人嘛。

工作了之后，我曾经研究过基金，但是，这个多少还是有些风险和门槛的，你的钱太少，玩不了，不懂的话是玩不明白的。买过两次，没赚多少，就作罢了。主要我工作之后一直不是很富裕，直到公务员回来之后才开始有了些积蓄。

我倒是一直没有挥霍，想过一些理财产品，也去了解了一些，总是感觉业务员描绘的世界太美好，美好到让我不相信，毕竟天上掉馅饼的事儿，我是没那个运气。可能是我了解的理财产品不太靠谱吧，反正我接触到的业务员们，大多都是会用炙热的眼神将我融化。很多年之后我再一次见到这眼神是大街上拉我做头发的 Tony、Jim 和 Calvin 老师们。

我就是有些余钱攒着了，然后，要么定期要么基金的攒着呢，也没挥霍，因为我心里惦记着下面这件事儿——投资！

我准备攒点儿钱，看到一些好的项目，跟风投一点，也没有多少钱，就是凑个热闹给自己多挣几顿肉钱。后来我还真把这些要捂馊了的钱投出去了。

一天狗哥领回来个小男孩，看着比我们小几岁，眼神中还有着对北京及北漂的好奇和期待。这是狗哥亲舅舅家的弟弟，叫甘子，毕业了要来北京。狗哥的妈比狗哥还热心，问也没问就让这孩子来找他哥了。狗哥跟这弟弟从小一起长大，挺亲，但还是措手不及。

甘子是学食品的，专科学校，狗哥人脉再广，触角也没长到能伸到这行业里去，找了半天也找不到什么对口的。甘子人挺实在，也挺聪明，但就是在北京许久找不到好工作。那些年，大学生不是985和211的，都不好找工作，更别提这大专了。

甘子在我们这儿住了有一个月，跟狗哥说，哥，我啥工作都能做，我看这路边烤串的就挺赚钱，那面筋都没咱家的好吃，还那么多人买！我弄个摊子烤面筋吧！挣点儿钱，到时候开个馆子！咋样？

狗哥一愣，狗哥没想到，这弟弟还挺务实，他一直想给弟弟找个体面的、不累的，又对口的工作。这回弟弟一说，狗哥倒是坐下来好好考虑了下这想法的可行性。

狗哥家在西北有亲戚做过烤面筋，技术上不愁，那么就是要做什么样的，怎么打开局面了。

狗哥不想弟弟太辛苦，起早穿串，烤到半夜，拖着三轮车回家，还要躲着城管，万一被罚血本无归。就和我商量要不搞个门面，可门面成本不小，不知如何是好。

后来的决定是我和狗哥一起投资，4 比 6 分账，在一个小区里给弟弟搞了个不大的门面，烤面筋是招牌，兼营各种西北大串，找了个帮工。有空的时候，我和狗哥会去帮忙。

虽然说亲兄弟明算账，但是狗哥还是很相信他弟弟的。我负责相信狗哥，反正有他一口，不会没我的汤喝。我和狗哥没时间管理店面，弟弟就自己负责，又是服务员，又是老板，按月给我们分红。虽然有风险，但是我和狗哥评估过，赔也赔不了太多。

第一年，我赚了大概不到一万吧，也算是收获是不。第二年的时候，盈利稍微多了些，从老家请来个大厨，又请了两个服务员，晚上在路边桌子能摆出去十多桌。主要是味道好，小区和周边小区，很多人都是回头客。这一年大概赚了七八万吧，我忘了算了。不过这一年，我和狗哥的生活质量直线上升，主要还有一部分原因是，我俩撸串不花钱了……

后来，我和狗哥还开了个分店，搞了个串吧，赚了不少。这大概是我人生中一次很重要的投资了。也教会了我，脱贫致富奔小康，单单靠工资真的是不够的。

后来，很多年以后，我可以做的投资，当然不止合伙投资小饭馆了。但是这次经验告诉我，很多时候，看准了时机和人，真的能够以小博大，稳赚。这也是狗哥做投资行业一直知道的道理，他评估了项目，评估了甘子，之后做了决定。而我只要评估了狗

哥就够了，不是吗？

这就是我的钱生钱经历。在我们进入工作之后，或者说，我们有了金钱自主权的时候，就应该考虑理财了，在手上的资金达到一定数量，就可以考虑投资了。关于理财，我的建议是一定要稳，眼睛放亮，不能稀里糊涂，不能让好不容易攒下的钱打了水漂，一场空。

关于投资，我的建议就是，要看人，要看项目。工作几年，估计大家手上的钱也是不能做什么大的投资，那么小投资就还是要稳；看准了项目，不要被各种花言巧语蒙蔽，乱了阵脚才好。

最后，不管怎么说，合理的小投资，钱生钱还是可以让你多吃几顿肉的。

8. 别拿小领导太当干部

大家看清楚，我说的是小领导。领导，有很多种，其中有一种最难做人的，就是小领导！大领导也很不容易，但是一般大领导权力大，虽然很不容易，但是还是会爽到自己。小领导可就不会太爽了，往往是要委屈了自己才能爽了大领导，才能爽了自己的钱包呢，是不是？

在管理过程中，我们的管理活动主要是针对下级，是从上级那里接受指令后，将指令传达给下级，进而完成我们的组织目标。因此，准确接受上级指令和与下级沟通传达是非常重要的领导责任。因为只有畅通，管理才不会有问题。管理沟通的实质，是让组织内部管理信息更加流畅，进而使组织的管理流程更加顺畅。作为小领导，承上启下尤其重要。

我之前有一个项目，是要给一个品牌做个吉祥物的宣传片，

我们有一个非常“给力”的小领导。小领导最擅长的是揣摩领导的“圣意”。

他的口头禅是“我觉得老板是这个意思”“我想老板是想要这样”“我听老板的话，好像……”小领导也算是体贴入微，把领导的每一句话拿来做阅读理解，揣摩其中的深意及背后隐藏的含义，然后对着他的属下下达指令。

老板心，大海针。他怎么可能次次猜得到！重点是他总也猜不对，用力用错了方向。我们客户的吉祥物叫作 G 宝，我们要设计宣传片的内容创意，来体现 G 宝的性格。领导无意中说可以可爱一些。小领导指挥全员进行头脑风暴，如何才能更可爱。结果，内容被领导批用力过猛，一个电器的吉祥物应该很睿智，为什么要这么可爱！领导的意思是可以有可爱的元素，但是不代表所有的元素出发点都是傻不啦唧的可爱！

小领导被骂了一通，回来反思了好久之后，跟我们说，他觉得总监的意思是，要更睿智些，不能这么可爱。那总监是不是想要一个小叮当似的吉祥物呢！他觉得总监一定会喜欢这个创意，然后所有人都被下令头脑风暴一下蓝胖子，最后做出了一套山寨版的哆啦 A 梦。

结果当然是被骂了！用脚指头想也知道，领导几时说要山寨了！我们隔着办公室就听到总监大骂：谁说我要这个！谁说我要这个！我哪只嘴巴说的！我说原来的就不错你怎么没听见，改什么可爱风，改什么小叮当，客户都定了风格为什么还要多想！

这小领导总是喜欢想太多，以展示自己思虑周全，然后过度分析领导的话，就好像是暗恋一个男孩的女孩子，把男孩的每一个标点符号都分析一下。

最后造成的一个结果是什么？是我们不停地做无用功，无休止地加班，只不过是因为他觉得老板可能想要的是这样的，他以为他以为的就是他以为的。

所以做小领导，在“承上”这个部分脑子一定要灵光，一定要清楚地传达，搞清楚领导的用意，不能瞎揣摩，乱下命令。

后来我在当小领导的时候，有一个原则，竭尽全力地压缩开会时间，废话套话都很少说，工作效率是第一位的。虽然有些话很直接，但是也好过委婉地说了一圈话，最后还是同一个效果。

我的这个习惯有赖于我的一位领导。这个领导性格有些温软，为人和善敦厚。这有一个问题出现了，这领导会不会生气和批评人呢？显然是会的，但是！这领导的方式很独特。领导太善良，怕话说深了，伤了员工，就先夸一顿，然后捡着不疼不痒的问题开始说起，打边缘战，然后不断地靠近主题，最后迂回切入，说到重点，往往这时候，你手中的咖啡都凉透了两轮了！

最后呢？你在办公室耽误了一个小时，该做的工作并没有减少！每当这时候，我的内心就没法平静，好像是我耳边有十几个尖锐的指甲在不停地挠墙之后心脏的憋闷。我很想大叫一声，然后告诉领导，有话直说。但是我不能，所以只能让自己内心崩溃。

领导在发布命令的时候也是一样，一句话不能简简单单地好

好说，怕大家听不懂，总是不停地解释，然后又怕自己说得不小心中伤谁，不停地圆话……领导以为自己说话很圆滑、很周到……

而我们总是需要在他细密的套话中寻找几句关于工作的具体执行方式，所以，每一个有这个领导的会议都会变成裹脚布一般又臭又长，大家打了三个瞌睡，领导还在喋喋不休……

所以，后来，当我也要给大家开会的时候，我尽量开宗明义，言简意赅，提高工作效率，大家走早点工作完，不加班。

所以作为一个小领导，在“启下”这方面，应该简化指示，使员工理解。发布的命令应该是简洁的、清晰的和明了的。这个至关重要！

当小领导除了承上启下，还有一点至关重要的，就是随和！

在与同事交往时，平易近人，随和主动，会给人一种亲切感，人们自然会愿意跟你相处。你作为一个小领导，充其量不过是个包工头，没必要摆出一副不可一世的领导风范，不然当大领导来的时候，你这个小领导气势全无，岂不是成了笑话。

很多朋友小时候可能都做过班干部。作为一个班干部，大小是个官儿，但你摆出一副官架子就不好使了。最好的班干部，往往是和同学们打成一片的那些人。

同样地，你做小领导，还真别把自己当个干部，充其量是个干事，是干活儿的！你要带领着大家好好干活，完成业绩。你要平易近人，随和大度，才能让大家更团结、更好地给你完成任务。毕竟，领导直接表扬和批评的人都是你，你可不想被扣工资呢，是不是？

我见过一些盛气凌人的小领导，让人不禁想，这不过是个小头头儿而已，就已经这么嚣张了，那以后会是什么样子？大家本能就不想配合他工作，不想让他升迁，以防他更好地在大家面前耍威风。工作做不好，你说老板会批评谁呢？当然是他！

所以，做个小领导确实不容易，你不能把自己太当个干部，也不能不把自己当干部。你既要搞清楚领导的意思，又要清楚地传达，团结好员工，让以你为首的这个小团队和谐团结，一起进步。

9. 如何做个机智到位的“狗腿子”

人活在世，拍马屁是不可避免的。如若不服，你想想看，你难道没有面对女友或者闺密违心地说过一句，你不胖，你这么穿真好看！我的拍马屁技能大概从遇到一位特别爱听好话的班主任那一刻被开启了。之后发现有些时候，狗腿一点是要好过硬木头。

在公司中，我们不免要对着我们的领导说一些好听却无伤大雅的话。有人不以为然，那请你这么想想：你的上司新理了个发型，说不出来多好看，但也不难看。上司问你我这发型怎么样？你会怎么说？你当然不会说，一般，不好看也不难看；你会说，还不错，挺好的。既然大家都是要适当地拍马屁的，那么如何当好狗腿子，就是职场上一门重要的学习科目。

我们所谓的“狗腿子”不是贬义上的狗腿，而是一种与上司相处之道的戏谑说法。做一名合格的狗腿子，也是有些准则的，现在我这个老狗腿就来和大家分享下，如何成为一名好的狗腿子！

首先，讲真话！拍马屁不代表要说假话，我们可以把一样的话按照不同的方式说，但是记住一定不能说假话！新发型那个问题，你最多只能回答，挺好的，我觉得挺不错的，我喜欢这种。记住你觉得！千万不能说，呀，太美了，太棒了，太好了！你这发型全公司最棒！这种鬼话有脑子的人都能看出来有多假。

话一定要是实话，但是也不能太实在。有些实话不好说，或者说起来难听，你就不说，或者换个方式说，但是说假话就是另外一回事儿了。

说一个大家都知道的例子：一个国王召集各路巫师给自己算命，算算自己命里有没有劫难，命途好不好。大家一阵作法之后，一个巫师皱着眉头站起来了，现在看来也是勇士，说话很直接，站起来就对国王说，陛下，你的家人都要比你先死去，你的晚年会孤苦伶仃。

国王一听，勃然大怒，立即杀了这个胡言乱语的巫师。后来国王又问了一个巫师，这巫师站起来了，先是大笑，恭喜国王。然后说，国王陛下，在您的家族中，您是最长寿的，您是最有福气的。国王大悦，重重地奖赏了这个巫师。

一个优秀狗腿子的原则一：坚决不说假话。但是真话我们可以选择性地说，说真话尤其显得我们真诚踏实可靠。

其次，另一条准则叫作不卑不亢。职场中我们需要处理好上

下级关系，是人际关系中的重要方面，明智的做法是不卑不亢。不能因为对方是上司就一味阿谀奉承献媚讨好，这种做法既有损人格，也会使正直的领导和同事反感。

我在这家合资企业和视频门户网站合作过一个项目，其中我的上司袁业牵线我和与门户网站的一个朋友郭子认识，方便日后合作，对项目进行推广。

我的这个上司在业界挺有名气，是个战略官，人脉很广，很有威信。我们吃饭的时候，我发现郭子一直笑呵呵地看着袁业，迎合这他的每一句话，连标点符号都不放过。

袁业说，这个项目你们都多费心了。

郭子连连点头，应该的应该的！只要袁总你说话，我们鞍前马后……

我笑得有些尴尬，不知道怎么接话。

袁业说，小金是我们公司做策划这部分很厉害的，你放心。

我还没来得及说“没有没有”，郭子就抢过话来说，哎呀，小金，你还这么年轻跟着袁总，真的是幸运啊，这机会真的好……

我依旧不知道说什么，后来在尴尬中吃完了这顿饭，之后的合作都是中规中矩地用邮件完成的。

后来我们又有个项目，需要门户网站的合作，我本能地想到之前合作过的郭子，结果袁业摇了摇头，只说一句话：太谄媚。

我一惊，我原想着他大概感觉不到，毕竟被夸总是件感觉不错的事儿。后来袁业说，人啊，一旦太谄媚就总想怎么把话说好，不好好干活了。

这时候我突然觉得自己张不开嘴说那些好听的马屁话，也是有好处的。领导也不傻，你一脸谄媚，一眼就看出来了！

优秀狗腿子原则二：不卑不亢，坚决不谄媚。

接下来的原则是，坚决不能打小报告！上学的时候常常有一些狗腿的小孩围着老师，把班级的大事小情都偷偷汇报给老师，今天谁又追求了谁，谁又上课不老实。班主任不在班级，结果他什么都知道。为了更多的情报，老师往往会特别照顾这些同学。

可是在工作中就不一样了，你打了小报告，看似成了领导的“耳目”，但是这也泄露了你的人品和底线。因为领导会怀疑，你打小报告的目的是什么？单纯地获得领导的好感？你不过希望别人都不好，来带给你那么一些小益处。

那么你就是传说中，损人利己的那群人。损人利己真的能否获得上司的青睐吗？当然不能！他怎么可能信任一个人品有问题的人！

优秀狗腿子原则三：坚决不打小报告。

最后一条的原则是，不要碰到上司的软肋。显规则告诉我们“言己莫论人非”，潜规则将其深化成“言己莫论人”，因为少了一个“非”字，也就少了失言的机会。都说言多必失，可言少也不一定没有失误，如果在错误的时间、错误的地点和错误的对象说了一句涉及具体人和事的大实话，那后果真的堪比失言。

我们常常会在各种场合和上司聊天，可能是一起出差、吃饭，

或者是抽根烟的工夫，这时候往往会聊一些工作以外的内容。但是，要注意闲聊天也要避开上司的软肋。

狗哥以前闹过一个笑话。和上司出差的车上，狗哥的前女友之一来了电话，狗哥不无耐烦地挂了电话，之后面对女领导好奇的眼神。狗哥戏谑说，这女孩自己不喜欢，处过几天，他觉得不合适就不再搭理对方了，现在总是来电话，搞得他也很烦躁。

正当狗哥还沉浸在自己魅力无穷的美梦中的时候，瞥见领导的表情已经冷掉了。领导看着狗哥，质问他：怎么能这么没道德？不处了就直说，冷暴力算什么男人！……

狗哥一脸蒙，后来才知道原来自己的女上司曾经也被冷暴力过……

狗哥这是自作自受，本来他冷暴力就是不应该的，这回就当是他遭了报应了吧。

优秀狗腿原则四：闲聊也要避开领导的软肋。

成为一个好的狗腿子，其实原则挺简单的，首先要是一个好员工，之后要是一个机智的好员工，不卑不亢，不阿谀奉承，不打小报告坑队友，也不碰上司软肋就够了。

10. 如何成为公司里的MVP……如果你想的话

NBA 比赛之后有 MVP（最有价值球员），足球比赛之后有 MVP，就连打了一场“撸啊撸”（《英雄联盟》）都有一个 MVP；很多人在各种比赛里都想成为那个 MVP。在你的公司里，你是那个 MVP 吗？

是不是人人都想成为公司的 MVP？如果你想成为那个最有价值的员工，那么你要做的第一件事就是：停止说“我做不了”！

很多人在公司分配任务的时候会觉得，这个任务对自己来说有点难，自己有可能完成不了。这种时候很多人可能条件反射地说：“这个我做不来。”每次上司给你分配任务的时候，你是不是说“我没做过这个，我做不了这个”或“我现在没时间做这个”？记住千万不要这样说。

作为一个领导，评估员工的能力是他的一项工作。既然领导

给你分配这个任务，那么他肯定是考虑过你的能力，他相信你能够完成，即便这件事情超出了你的能力范围，他觉得这是对你的锻炼，他也会安排你。一般领导不会在没有百分之百把握的情况下就给你安排很重要而且如果搞砸了没有后路的事情。

这种时候即使你完成得不够好可能也不会损失什么，领导给你机会，你却说：不，我不行。你能想象领导心里应该是对你除了失望就没有别的了。所以这种时候，你一定要说：我可以！

这种时候你的态度应该是“这个我做起来有些难，但是我会试试的”。然后你需要使上全身力气甚至是通宵加班来把任务给完成。其间可以请教领导，毕竟你曾经表示过你做起来有困难。

如果你做的过程中发现以你现在的能力完成不了，你一定要在限期之前一些时间提交给领导，让他有更多时间来修改。记住一定不能在最后一天才上交一份完成得并不好的作业，这样他就没有时间来给你收拾烂摊子。

如果你习惯性地说“我做不了”，过一段时间以后他会觉得给你任务你肯定说做不了，所以干脆不给你指派任务。有一些你觉得可以做的工作他都不会派给你，那么你在这个公司还有什么价值和上升空间可言吗？

如果想成为传说中的MVP，如果你们部门里有所有人都不想做的项目或任务，如果你主动请缨接手这个烫山芋，那领导会对你刮目相看，给予你很好的评价。想成为最有价值的员工，就要停止说我做不了，改为主动请缨。这很重要。

我到合资公司之后，管理了九个人，分成两个组，很巧的是，每个组都会有一个总是说自己做不了的，也总是有一个在需要加班，大家都不作声，主动站出来说“我来吧”的人。

有个刚毕业的小伙子小可，什么都怕，怕虫子，怕黑怕鬼，还怕领导。每次无论什么任务，他都害怕自己没有办法完成，站得远远的，生怕我们叫到他，让他来做。后来，他的上司关键就什么活儿都不给他了，他开始被边缘化。

后来，大家工作的时候经常忘了他，他从边缘化到了盲区，成了透明人。关键跟我说，他也是受够了每次给他分配任务还要不停地安慰鼓励他说，你可以的，我相信你！关键建议说，合适的时候招个新人，就把小可替了吧。

我尊重关键的意思，毕竟他才是直属领导他的人。

另外一个组有个叫魏健的男孩，大家都打趣说，他叫健胃消食片。不过，他确实是大家的“健胃消食片”：每当有了难搞的任务，或者需要跟着我和外部客户对接的，这个组总是把他推过来。久而久之，我也了解了这个人。

有了难啃的活儿，魏健总是会出现，替大家加班，想法子，把难题死磕下来，难怪大家叫他健胃消食片。后来他成了我的得力助手，大家戏称他为“吗丁啉”，消食片的进阶版，强力助消化。

魏健做事很周到，一次我需要他们在很短的时间内联系到各个领域的客户，并且拿到客户年内的宣传预算。任务分派下去，第二天有了反馈。

大家整理和了解得七七八八，信息并不全面，而且很可能不准确。正在火大之时，我打开了魏健的反馈。

魏健把他所分配的领域内各大知名公司整整齐齐地排列好，不仅列出了年内宣传预算，还整理出各家客户年内植入和活动项目，分别花了多少预算，各个公司还剩多少预算。魏健把这些公司按照预算剩余多少和宣传方式做了加权排列，给了我一份完整的列表。

我看了很惊喜。说实话，这孩子做得比我都好。我并没有表扬魏健，而是按照魏健的方式做了个表格，给各组重新安排了任务。我不想让魏健成为大家嫉妒的对象。当他看到大家都按照他的方式整理，他自然知道了我对他的认可。

我一共就只有九个兵，除了两个组长还有魏健和小可，剩下的几个人，有的我很难看到他们的亮点，有的不擅长做复杂的工作，还有一些不知道为什么和我的交集少得可怜。这样说来，我这个团队，谁是我的 MVP，一目了然了吧。

很多时候，我们总是妄自菲薄，看不清自己，然后又很胆小地不敢去争取些什么，以至于当机会到来的时候，也未必抓得住。在职场上，我们要不断提高自己的价值，才能升职加薪，这是硬道理。

你不能一直说“我不行”我做不了“我完成不了”，原因之一是，你不试，怎么知道？原因之二是，没有领导会喜欢一个一直拒绝自己的下属。

如果你想要赢得更多的升迁机会，让你的领导记住你，并且提拔你，你要做的真的是主动请缨！不要太多，有几次精彩的，死磕下几个难题，大家自然会对你刮目相看，领导也会在心里给你打上优秀的标签。如此说来，成为MVP的你，何愁不会升职加薪？

11. 老板的大饼，听一听就好了

《世说新语·假谲》中写道：“魏武行役失汲道，军皆渴，乃令曰：‘前有大梅林，饶子，甘酸可以解渴。’士卒闻之，口皆出水，乘此得及前源。”

说的是，曹操带兵攻打宛城（今河南南阳）时，部队行军长途跋涉，路上又找不到取水的地方。士兵们都很口渴。曹操为了不耽误行军，指着前面一个小山包说：“前面就有一大片梅林，结了许多梅子，又甜又酸，可以用来解渴。”士兵们听后，嘴里都流出口水。终于到达了前方有水源的地方。

曹操作为一个领导特别擅长“望梅止渴”这个技能，演变至今，我们的老板往往都掌握了另一个近乎雷同的技能——“画大饼”！老板最喜欢构想宏伟蓝图，画巨大的一个饼，名义上说的是：“我们公司的蓝图要靠大家一起努力，事成之后我的大饼也有你们一份！”其实这句话，我来你们解读一下：我的蓝图要由我们共同努力，主要你们努力；我的大饼有你们一份，剩下的九十九份都是我的！

这么说虽然很戏谑，但是信我，老板的大饼听听就好了。

我到这个合资公司有几个月了，工作进行得还算顺利，任务也不算多，但是清闲的日子在一次会议之后彻底改变了。

会议的中心思想是，公司最近要有大活动了，要进行转型适应这个市场，所以大家要最近都要辛苦辛苦，转型完成之后，大家都有好处。这些都是套话，真正的中心思想是，我们的工作制要改变，周六要上班，九点上班，八点下班，一周六天，后来被我们俗称 986。哦，对了，改了工作制，没有任何补贴。

公司上下顿时叫苦不迭，但是老板也是有应对政策的，老板这样说，你们不要抱怨，年轻人工作累点儿没关系的，正是奋斗的时候，你们现在为了公司努力，公司不会亏待你们，年终的时候大家都有份，咱们年中的时候去新疆玩玩！年终的时候咱们就出国！好不好，大家打起精神来！

以我鸡贼的程度，这些自然是不会信的，听听就好，毕竟以前也没少单纯过。但是我还是要和那些可怜的孩子说，老板说了，好好干，好处少不了，年中去新疆，年终出国！大家想去哪儿啊？

然后我就看到这群傻孩子七嘴八舌地讨论年终想去哪儿，然后铆足了劲加班。对此，我也不能说什么，毕竟如果他们做不好，挨骂的是我。

日子平静地划过了7月，老板像得了健忘症，没想起来他答应的新疆之行。我想他兴许是真的忘了，哄小孩儿的话大人们大多都不记得。后来日子划过了年末，年终奖还是那些，也并没有出国……员工们暗自抱怨，但是不能说什么。我想这就是给他们上的一课，叫作不能相信老板的话。

老板自然是知道这等雕虫小技不足以安抚我们这种民工头子的，他就想出来了点儿大招，这个大招，听起来就很有用。

老板说，公司娱乐营销的部分要独立出来，你们都好好工作，到时候有你们的股权，分期权！我那时候也搞不清楚这些啊，听起来很厉害的样子，不过本着“宁可相信世界有鬼，也不相信老板的大嘴”的原则，我并没有完全相信，主要是信不信我都得给他干活儿，刚跳过了来，并没有离职的意愿。

虽然这招对我没那么有用，但是对有些人，可是很有用的！比如我在的策划部，总监下属三个部门，像我这样的包工头，还有两个：其中一个是个从天津调过来的天津老男人，整天无欲无求的，总琢磨着想办法回天津；还有一个是长我一岁的女人，叫丹子。丹子才是个狠角色！老板这招对她最有用，这给她积极的呀，积极之余还不忘排挤我，像打地鼠一样地踩我。

我也是挺无奈的，我家祖训“不能和女人计较”（主要这是我爸告诉我的，他是给他老人家怕老婆找了个特别伟大的借口），所以我并不打算跟这个丹子计较。

我回家之后跟狗哥说了老板的话，狗哥呵呵地笑。他说，你不信就对了，我问你，你们这个公司什么时候从母体里分离出来，也就是说，什么时候新公司能成立？

我摇摇头。

狗哥又说，分了股权，你这小包工头，能拿到多少？还有即便是你能分到股权，也不能一次性拿到，每个公司不一样，但至少都是四年以上才能拿到全部的股权，也就是老板大饼上的一个芝麻那么大。要想这股权期权值钱起来，那么就要等公司上市之后，你们公司都没成立哪里去上市！就算不上市，被收购，你也是可以拿到钱的！问题是，这根本就是遥遥无期的事儿。

我心想，果然和我想的一样，这就是大饼、空头支票而已。但是，我该怎么工作还会怎样工作，因为毕竟我也不是因为期权股权才在这儿的。只不过，不会表现得像是被老板洗了脑，疯狂地催自己的人，拼命加班，帮助老板助纣为虐罢了。

这么想想，年轻的时候，我也是有机会持股上市公司股份，我也是有机会身价上亿，也可能富甲一方的，如果老板答应我的都给了我的话，如果老板真的给了我股权，如果老板的公司真的能上市的话。然而，最终我还是靠我的双手吃饭，双脚走路一步一步自己撑过来的，一分一毛都没拿到所谓的股权或期权。

不过因为老板的这个大饼，丹子对我简直是视若眼中毒刺，步步没陷阱，我也是醉了。后来我和丹子的故事，我慢慢再讲，只能说，防不胜防。

说起老板的大饼，我倒是要说肖飞的一个经历。肖飞有一段

时间跟着一个老板，老板要做电视剧，要肖飞跟着写。人家老板说了，我们要做品质的！我们要做好的！我们要拿奖的！给肖飞唬得一愣一愣的。肖飞就每天跟着开会啊开会，今天要写这个明天要写那个，肖飞就一遍遍地改啊改……老板说，我们拿到融资，大家都有股权！肖飞也没太在意，想着有署名就行。

但是这老板不停地让人干活，工资的事儿黑不提白不提，肖飞也不好意思问。老板只说，咱们是创业公司，等到拿了融资，大家都有股权……

这老板就用股权一直吊着大家，就好像是兔子尾巴上拴着吊在眼前的胡萝卜，肖飞和几个人跟着干了一年，除了偶尔的红包之外，连屁也没有。那一年肖飞过年都没回家，他说没脸回去。

这创业后来不了了之了……

我不是说，老板的大饼不信，我们不能相信老板。我只是想说，我们就做好分内的工作，不要被老板洗脑搞得团团转显得人太傻就好了。

12. 人若犯你，战斗走起

前回书说到了，我有个女同事丹子受到了老板的“蛊惑”，异常积极地工作。这回书我们说说我和这个女人交手的第一回合。

先介绍下丹子，丹子长我一岁，二十八了。为什么说她是个狠角色呢？她虽然大了我一岁，但是她的人生进程可是比我提早了不少，她这人特别现实而且工作狂，她考虑到女性工作不可避免的歧视问题，结婚生孩子会影响她日后的晋升。她在大三开始实习，大学毕业后进入大公司积极工作的同时立即就婚结了，结了婚立即生了孩子。这时候她的工作还处于小兵阶段不重要，她有足够的时间照顾她的心肝宝贝女儿。

两年之后，她有了些项目的积累。在她参加工作的第三年末，孩子 2 岁了，而她才 25 岁；很多大学生才刚毕业，她已经工作 3 年了，而且个人问题都利落地解决了。老板最喜欢这样的员工了。

我们知道现在求职时有一些比较没人性的潜规则，老板很怕找到恋情稳定或者是刚结婚的女员工，因为这样生孩子就是排在日程里的，就会影响工作效率。

丹子就是深知这些。当她 25 岁拿着简历重新应聘的时候，老板问道，你结婚了吗？丹子说，结了。老板正有些泄气，觉得这女孩又用不了了。老板问，有宝宝吗？丹子说，有，两岁半了，家里有人照顾。老板一听大喜，好！就你了！

大家不要盲目效仿，结婚是很慎重的事儿，主要是丹子的老公人很好，两个人从高中就在一起，是要过一辈子的，那早点结婚生孩子也是他们的规划。刚毕业的小姑娘们，你们可不要毕了业就赶紧结婚，没看清人，结婚是要随缘不是排上日程就能赶鸭子上架的。

丹子介绍到这里，现在说说她有多狠。她这人加班从来没数，看起来好像从来不知道疲惫。无数个下班的时候，我们全组都走了，她还在；据夜班值班人说，她经常半夜才走……她组的员工，经常叫苦不迭，说丹子是“大魔头”；有时候在食堂遇到了，总是打趣说怎么才能调到我的组来。

丹子当然知道她的员工对她不满，但是她不在乎，她只要业绩——突然觉得她叫“丹子”是对的，“单子”多多啊。

股权之说出来之后，丹子就开始疯狂地试图晋升，试图出类拔萃，我简单地理解为她相信了，并且想要更多的股权。她当然知道晋升要打败她的同级——天津大哥和我，天津大哥没什么野心，她的主要对手就是我了。很荣幸，是我。

一次，公司有个知名品牌客户要做个TVC，这是归我们组的，时间大约10个工作日。我没有立即开始做，因为按照我们组的实力，一周就可以了，我想让大家把手头的先做好，不要乱了阵脚。丹子知道了这个TVC，她觉得这是她扬名的好机会，熬了好多个创意，不停地开头脑风暴会议。后来我才明白为什么那几天他们都去楼上天台开会，从来不在会议室，我还以为是去透透气了。

大概四五天之后，老板突然叫我过去，问我TVC创意怎么样了。我一愣，我刚刚布置下去不久，因为这几日手头的工作刚忙差不多，可以开始新的工作。

老板现在问我，令我措手不及，只能跟老板说，还在讨论中，目前没有成形的创意。

老板说，刚才我和丹子在休息区碰上了，她还挺关心你们这项目，那天开会说完这事儿，她说她突然有个想法，给你提下参考下。

开始我还在想丹子挺热心的，还虚心听着；等老板说完我就傻了，这哪是想法啊，这个想法细化到了执行的每一个步骤。老板说，丹子还做了份创意书。创意书？一个想法不应该就是一句话，简单的一个想法吗？

后来我才知道自己的天真。老板说，我想了下这活挺重要的，要是你们一直没想法，我觉得丹子这个挺好，要不你们按她这个做？或者干脆给她吧，反正她都想这么多了。

我还能说什么？我按照丹子的做，那我们算什么？到时候分红，不是要说我占了她便宜？那不如就给她吧，反正这个亏是吃了，还好大家还没有花太多力气在这上面。不过全组这个项目做成了的分红算是泡汤了。

我好丧气地回到组里，不知道怎么和大家开口，我这个老大，被硬生生抢走了生意！关键火大地说我们连夜加班，搞个更好的创意！抢回来。

我想这事儿不妥，老板兴许知道或者不知道丹子是故意的，但是老板眼里丹子是热心，是积极工作，要是这时候我带着大家连夜加班再想创意这不就明摆着是我要抢，我和我的员工气度都不行，这么一个项目还窝里斗。另外，新的创意，老板要是觉得好还好，要是觉得不好，那不是觉得我们黔驴技穷了？

所以这事儿，只能忍了，日后只能多加小心，不给别人钻空子的机会了。

我和丹子的第一次交锋，我完败，都没有办法挣扎。工作以来，我人生信条是人不犯我我不犯人，人若犯我，我还真没想好。后来肖飞说，战争才刚刚开始！

肖飞说，才不是你以前的生存环境比较好呢，你以前都是小兵，最多也就是个小兵队长，谁挤对你啊！你现在当上包工头了，才是职场之路的升级打怪模式的开始。我写狗血剧，你以前那些职位，都不配有对手，那些都是领导给穿小鞋的职位。相信吧，战争才刚刚开始。

肖飞说对了，后来无数个事情证明，战争真的才刚刚开始。我也不太明白为什么同事之间不能简单地单纯地开开心心地一起工作，然后各回各家各找各妈，多好啊！非得打打杀杀？

这次人来犯我了，我开始好好思考，要怎么在职场上对手的利刃下生存了。我在这里工作是为了什么？是为了做更多的好项目，是为了职位的晋升，是为了更好地发展，所以，我可以忍这一次；下一次，我不能不对自己的职业生涯负责了。虽然她是女人，但是不代表她有特权侵害我的职业生涯。

这场战役，已经打响……

13. 休假了，也不要丢掉“业务感觉”

前面说丹子的事情，我再强调一遍，爱情和婚姻都是一辈子的事儿，女孩子们可不能因为想要成为女强人就草率地赶进度速战速决，也决不能因为工作无条件地答应很多公司某些特定时间不能怀孕的霸王条款。工作是一时的，家人是一辈子的，慎重。

今天我给大家来聊一聊如果你有这个需要，需要病假产假，那么我们如何让自己不受到影响呢?

病假和产假是公司的一个很好的福利制度。大多数人认为法定的“病假或产假”是严格地受法律保护的权利，但是你一定要注意，这有可能会把你陷入两难的境地。

当然，你休长期病假或产假还有哺乳期间，公司是不能解雇你的；但是如果这段时间你处理不好的话，一旦过了这个时期你就会上“黑名单”。因为公司的员工数基本上是固定的，一旦你休几个月的假，这期间你的工作会分到别人的头上或公司要额外招人；过了几个月以后当你回来，很可能已没有你的位置或让你做的工作了。

公司里有个姑娘年龄也不大，隔壁部门的。当初招聘进来的时候也没有男友，她头儿想着这姑娘好歹能安心工作几年，没想到，年轻人思维很超前，这姑娘闪婚了！进公司四个月，就办婚礼各种请假。之后消停没两个月，怀孕了！然后开始了频繁地产检，一次一次又一次地请假。

这个大家都可以理解，但是这姑娘终归是年轻，她并没有很好地完成工作，而是因为频繁地请假，耽误了自己很多工作。每次她做不完的工作，同事就要加班替她完成，从她进公司没几个月，那个五人工作组，就好像一直只有四个人的战斗力。

我不知道大家玩不玩英雄联盟，当 5v5 的比赛中，有一个队的某一个人掉线了，那么就变成 4v5，情况就很复杂了，很难赢。这个组的工作即是这样，其他四个人满腹牢骚，但是作为她的领导呢，又不能说什么，毕竟这些都是受法律保的。

这姑娘怀孕了不到九个月，孩子早产了，她一下子虚了，又住院了一段日子，满满地休完了产假才回来工作，至此她进公司 15 个月，请假不在的日子高达 5 个月！领导终于忍无可忍了，领导的确不能因为她怀孕、生产开除她，但是可以因为别的事情啊。

姑娘后来因为工作上的失误被请回了家。

我想这个姑娘的问题，大家都看得出来。要想不因为怀孕而被开除，首先做好自己的工作；如果你能很好地完成工作，又能够照顾自己的身体，那么还是很受大家尊敬的。虽然这样说有些不近尽人情，毕竟孕育一个生命是一件很困难的事情，应该得到大家的理解和帮助，但是职场很多时候很残酷，我必须把话说得难听。

不过窍门倒是有一个，人是很神奇的动物，如果你特别自强，挺着孕肚还亲力亲为，那么你会发现，你稍微动一动，就会有人过来说，我帮你吧！我倒是常见一些姑娘仰仗自己怀孕就不停地麻烦别人就算了，态度还很天经地义，这怕是所有人都会躲着你呢！毕竟你怀孕跟人家也没啥关系，人家凭啥帮你呢？

不过，就算你再认真，毕竟生病怀孕这些事也是多多少少会影响工作的，那么我们如何做才会才能防止这种情况呢？

一、假期期间，保持跟公司的联系，特别是跟你上司的联系，主要作用是提升存在感。我知道对于生病和刚生孩子休产假的人来说这个应该很难，因为有太多事情让你操心，你也难得有这样的假期。但是，如果你很在乎这个工作，希望得到晋升，那么我的建议是希望你能定期抽时间跟上司或同事联系，聊一下工作的事情，如果有重要的项目时，情况允许的话你也可以给一些建议。当然做这些要让你的上司知道，毕竟开我们的人是他，你要提升存在感，让他知道你真的很努力。

二、一定要与时俱进，不能丢“业务感觉”。我们学外语的时候语感很重要，但是一旦放了很久，就没有语感了，这样你外语水平就会下降。工作也是一样，你必须对你的业务保持那种“业务感觉”。如果可以的话，在家里也看一下相关资料（当然是在你的身体允许的情况下），特别是传媒广告、新媒体等行业，微博热门每小时就会更新，新近流行的词语文化，过两天就不再流行，而你不能在家待了一段时间之后对于工作上的新变化一无所知。休假后，你一旦上班，公司或上司会有一段时间“观察”你，看你的工作能力或效率是不是跟以前一样，如果落下了太多，恐怕领导会有些对你的意见出来。

前面我们说了欲加之罪何患无辞，说到了开除这么简单粗暴的处理方式。除了开除你，上司跟喜欢另外一种方式，让你知难而退，主动辞职。

我之前工作的一个同事，很要强的一个女人，35 岁那一年生了个女儿。因为属于高龄产妇，生产之后比较伤元气，加之她非常疼爱这个女儿，任何事都亲力亲为。大概是小孩晚上哭闹，同事第二天的精神状态和气色就很不好。刚开始还好，久而久之对工作就产生了影响。一开始大家帮助她打掩护，替她分担，时间长了就兜不住了，再上层的大领导就知道了这情况。

休完产假以后一个月，上司就慢慢不给她工作，而且把她手头上的工作也慢慢分给别人，而且各种活动开会也慢慢边缘化她。最后她受不了就提出辞职了，这个结果可能就是公司所

愿意的。

如果她没有主动提出辞职，估计过了哺乳期以后，公司大概就会采取我们说过的刚才那招，“欲加之罪，何患无辞”，各种理由都能请她离开。

虽然各种假期受法律保护，但是我们也要留意，如果我们很在乎这份工作，还是不要太自在，绷紧一根弦，不让各种情况使我们丢了奋斗已久的工作。

14. 别做没有感情的工作狂

工作好几年了，情感一直是我不太敢触碰的方面，总是用自顾不暇来欺骗自己，但其实内心还是很惧怕再次陷入不好的情况之中。

我大学一共谈过两段恋爱，一段长的一段短的。短的大家都知道了，后来我们不巧去了同一家公司，她坑了我进沙漠出差，然后她辞职了，我们就再无交集。长的那一段，谈了两年半，从大二就在一起了，毕业之后就分手了。分手的原因很多，我执意要来北京，她要我二战考研；我喜欢狗，她喜欢猫；我喜欢甜粽子，她喜欢咸粽子；我喜欢喝可口可乐，她喜欢喝百事可乐；我觉得娶了她人生才圆满，她觉得嫁给我人生才是不圆满……我想这里面可能有正确的原因，哪一个，我不想猜……你们看懂了也别告诉我。

总之就是这段感情之后我并没有新的恋情，和前女友也没有联系，就在北京这城市里和狗哥一起两个单身狗吃速冻水饺过每一个节日。肖飞倒是常常有恋情，但和我们不是一卦。

突然有一天，我回到家感觉家里的氛围和味道都不太对，厨房里飘出来热气和香味，像是真的回到了家一样的感觉。本能地，我知道里面的人不是狗哥，走进去一看，我惊傻在原地。

信我，当你有一天挤完地铁拖着疲惫的身体回到家，发现厨房站着的是自己现在做梦还会想念的人的时候，那种惊喜不亚于中了彩票。

她叫徐晓蕾，我最怀念的一个人。

晓蕾二战考研后考上了中山大学的研究生，今年刚毕业，不太喜欢广州，就想着也来北京闯一闯吧。这些年她不和我联系，但是其实跟狗哥都有联系。狗哥也不和我说，但是确实是帮我照顾着她。晓蕾说来北京看看我吧，也挺想念我；狗哥知道我还放不下她，看着这些年她也关心我，想努力撮合下。

其实也不用撮合，在我见到她的那一刻，我根本就忘了当时为什么分手，也忘了自己早就下决心不去想她了。我呆立在原地不知道说什么。她倒是很自在，也没有尴尬，让我放下包坐下等吃饭。那一瞬间我有些恍惚，是不是我有一天终于娶了她，下班回来，她在给我做晚餐。

后来狗哥也回来了，我们三个坐在一个桌子上吃饭，有点尴尬，狗哥找个借口就又出去了。

晓蕾说，我想着年轻，也来北漂体验一下。

我无奈地笑笑，说，那体验可不怎么好啊！

晓蕾说，年轻折腾折腾吧，没啥的。我来了北京想着来看看你。

我说，你胖了，我倒是瘦了。

晓蕾说，广州好吃的多，你在这很累吧？这么瘦。

我说，不累。

我拿起酒杯抿了口酒，这句不累说得自己都不信。

晓蕾说，累就累吧，我陪你。

晓蕾总是能猜到我，她是特别聪明的女孩，她当然知道这口酒代表着生活有多不容易。我不明白她说她陪我是什么意思，没敢多想，有一搭没一搭地聊天吃着饭。

后来我们就又在一起了，她说的她陪我果然是最完美的那个意思，我终于不是单身狗了。

晓蕾找的工作离我们很远，她就在公司附近租了个小单间，周末的时候就来我和狗哥这儿，给我俩改善改善伙食。晓蕾的厨艺堪称一绝，我坚信有些人对于做饭是有自己的悟性的，我的悟性勉强够个家常菜，晓蕾的悟性大概是米其林级别。

在北京漂的这几年，我有个很大的感受就是孤单。虽然我和狗哥住在一起，没有很无聊，但是当看到同事周末赶着去接女友，有的赶着回家，好像自己真的缺少什么。

我有一个朋友，他是做动画绑定的。他说在很多女孩的父母眼里这职业不是传统职业，都觉得不放心。他就打算攒下 50 万，

想着有一天有了女朋友，就用女朋友的名字在北京偏远点儿的地方付个首付，然后拿着房产证去跟姑娘爸妈求婚，让人家爸妈放心把女儿交给他。他就省吃俭用，几年时间攒了 30 多万，但是一直没有合适的女孩。

一次大家喝酒之后，其中一对情侣同事去逛街了，男生表情特别无奈被女生拖着走了。我这朋友就说，你觉得这是无奈吗？这是幸福！北京这么大，哪儿都不是家；没有个家人，哪儿都没有归属感。

听了他那句话，我突然觉得自己在北京也挺没有归属感的，好在我这朋友后来等来了一个姑娘，一个根本不要他房子的姑娘。好在我等来了晓蕾，虽然我还买不起房子给她。

我开始疯狂地攒钱，想着有一天也给晓蕾买套房子，哪怕只是个首付，我得做点儿什么，不然这要是我女儿，我哪舍得把她嫁给这么个啥都没有的小北漂。我又开始了节衣缩食，蹭吃蹭喝的臭不要脸的日子。

没办法，我要买的东西太多了，我要给晓蕾先买个戒指当生日礼物，上学的时候穷都买不起一个金戒指，这回得补上。晓蕾喜欢旅行，大学的时候没钱，我得补上。我还要给她买化妆品，我看女同事之间明里暗里都比着呢，我不能让她没面子。最后我还要给她买房子，不然我怎么娶她。

我知道这做法很直男癌，但是，我真的不知道怎么能做得更好了。有多少人心里惦记的那个人再也回不来了，既然晓蕾回来了，我要把最好的都给她，这么好的姑娘，这么多年的青春都是和我在一起，我始终觉得亏欠她。

其实做那么多，我真的是有自己的想法，我一个人在北京太久了，很想有个人和我一起奋斗，和我一起分享我们的青春。这话说着矫情，但就是这么回事，我不想有一天所谓的事业有成了，和一个小女孩去谈恋爱结婚，她不会了解我的想法。我想有个同龄人，我们有一样的童年记忆，都是吃老冰棍喝冰水长大的，都是看港片听台湾歌手矫情的情歌长大的，都是大学扩招考大学，毕业在北京工作过的小市民。我这个小市民想和另一个白衣飘飘的小市民好好地在一个大城市里过小日子。

我不知道大家有什么宏图大志，在事业上我也喜欢想很多，但是在感情上，我就是这么小市民，娶个老婆好好过日子。

05

Part 5

不做主角，一辈子只能跑龙套

1. 有些事，忍一时，错一世

古语云：“忍无可忍，便无须再忍。”在我和我的团队忍耐丹子近月余以后，我们深刻地体会到了什么叫作“忍一时，错一世”！丹子大概觉得我们整个组都是软柿子，捏起来柔软不扎手，便得意忘形，直到逼没了我们所有人的绅士风度。

下面的小孩早就坐不住了，整日视丹子为眼中钉肉中刺，不停地跟我控诉，搞得我看起来像是个软柿子领导一样，惹不起女同胞。我是不想和丹子硬碰，毕竟这对大家都不好，而且我还是想装得像个绅士一样。直到发生的一件事情，我知道真的到了无须再忍的时候了。

事情是这样的，有一个大客户，非常大的一个单子，领导为了保险便让我和丹子两个组合伙完成这个任务。领导的这个决定非常不明智，首先我们每个组都有近 10 个人，加在一起就是 20

个人。20 个人来完成这个活，简直可以用尾大不掉、尸位素餐来形容。

可是我们这个领导就是喜欢大家一起开会、一起讨论，他坚信集思广益就是需要很多的大脑，广泛听取每一个人的意见，经常开会到半夜，没有一个头绪。

后来领导忙别的事儿了，这活就交给我和丹子了。大家在一起工作的时候，同一间办公室能感觉到两股不同的力量在暗里较劲，没法好好合作。这时候时间就已经被耽误得七七八八，我们时间很紧迫了，无奈我和丹子只能决定分分工！

从决定分工的那一刻，其实我就又掉进了一个坑里还浑然不觉。丹子说：这样，我的人年龄贴近用户受众，我们想核心创意，当然这个我们也会和你们讨论；你们的人擅长方案制作，我们合作来完成。

我一想也是，关键带的人做的方案是全公司最好的，这么分工也是合理。后来紧张的几天里，丹子他们迟迟拿不出来创意，我们只能先做方案模版，方案出来后，却发生了我一直担心的事情——改创意！

那一天是最后的期限，也是一个周五。周五是个适合约会的日子，如果只是普通的约会就算了，那一天晓蕾出差快一个月，终于回来了。但是飞机是夜里 10 点才到，我要去接她，毕竟冬天的晚上，一个女孩拖着个大行李箱从机场打车回家，我怎么能放心，我必须要去接她。

那天下午我就在祈祷，丹子这个杰出女性不会那么没人性在最后关头改创意，因为我们是在他们后面一个流程，所以必须做好收尾工作。可是事实就是，丹子就是这么没人性的一个女人，临近下班突然要改创意！他们已经决定了，也经过了领导，领导的意思是我带着人赶紧加班完成方案。

What the fuck！这女人有病吧！如果说之前我认为她不过是想好好工作急于表现，那么现在我就是确定，她在搞我！她在搞事情！

后来的结果就是，我们一个组的人都在加班、加班，加班到了后半夜！我必然没有去接晓蕾啊！我只能拜托肖飞去帮我个忙，因为狗哥也在加班！

晓蕾没有生气，但是我很生气，我很不喜欢明明答应了的事儿，自己却做不到的感觉。特别是，是一些愚蠢的原因，让我做不到我答应了的事儿！这种感觉很不好，我一直有个强迫症，就是答应了的事儿，我一定要做到，不然就浑身不舒服！

憋了一个周末，周一早晨，看到神清气爽的丹子，我下了个决心，我要反击！

叫来了关键，我问他，他有没有觉得丹子在针对我们。

关键说，我的天，她要是不是针对我们，那就是有病！她都快指着我们叫嚣了，老大。

关键这么气是有原因的，上次的事儿给他气坏了，我没有被晓蕾责怪，他可是被他女朋友骂了个臭头，差点就变光棍了。

我和关键一合计，搞出了个一揽子计划。首先我们都是大男人，不至于动歪歪心眼下套给丹子，那样做不人道，我们干不出来。我们得本着不损人但利己的原则。

首先我们安排全部门的人开始挖掘自己的所有人脉，这方面肖飞的作用就很强大了，我们争取比公司的人都早拿到片方信息，我们先进行一个心理预判，这样工作更有方向。我们把搞到的片方信息，分享给资源部，和资源部建立良好的关系，并且资源部的女孩较多，关键让我们组的姑娘们和资源部的姑娘们搞好关系，这样也有助于我们得到更稳定的信息。

然后，我们要和销售部门搞好关系，进一步了解相关品牌，也了解下品牌合作的难易度，我们从通案阶段就可以早做准备，知彼知己。

最后一个，比较阴险，但是也不是什么坏良心的事儿。

关键是个能交人的男孩，社交能力足够，是个好销售。随着我们和销售的关系逐渐变好，销售们自然就会倾力主推我们的项目。

我呢？我的任务很简单，我要保证我们组产出的所有东西质量都是最好的。我们都是大男人，不能像宫斗剧里的妃子似的想些你下药我下药的烂招，我们要赢就要赢得光明磊落。

丹子毕竟是女孩，有些时候太过认真仔细的女孩子是不太讨同事的喜欢的，特别是男同事。很多男人小的时候被老妈催催催，长大之后有女友老婆催催催，在公司还要有个女强人同事催催催，自然逆反心理是强烈的。

这是我在一次公司管理层聚餐的时候，偶然从其他男同事口中得知的。令人惊讶的是，我和丹子的上司竟然也觉得丹子说话的风格、做事的气势太咄咄逼人了。领导打趣道，他都有些害怕。

我知道这是我的机会，如果丹子给他们这种体验，那么我要做的很简单，我只要做一个非常好的人就可以了。没有人喜欢被控制，丹子又有强烈的控制欲，那么，不喜欢与她共事的同事就不会拒绝跟一个做事靠谱又 nice 的人共事。

自打知道了大家对丹子的看法，我就知道我会赢，只是时间的问题了。

2. 加班狗和爱情，你会选哪个？

大概很多加班狗都会遇见和我一样的问题吧，很棘手。加班狗是很难遇到爱情的，一旦有了就想牢牢地抓紧；抓紧就会出现一个问题：爱情和加班你选哪个？

不加班会被领导骂，可是加班会占用陪女友的时间，以至于需要不停地道歉，买礼物道歉，还要不停地回答“你爱我吗”这个没有第二个答案的问题，我不爱你为什么在这儿跪着哄你呢？我想大概喝多的哥们儿都会有这样的感觉吧。以前的时候，我会把工作看得重要一些，因为我想快点给晓蕾一个好的生活，可是这让我差点失去了她。

晓蕾不止一次地跟我抱怨过我们约看电影，她从来不敢先买票，因为不晓得我什么时候下班，应该买哪个时间的电影票。对此我也很无奈，如果说之前做职员有些脾气，不喜欢加班就算了，当了小领导反而不能随便地对待工作，完不成就要加班，有时候为了精益求精还会主动加班，毕竟现在做的一切都和我的绩效挂钩，关系到我的升职加薪，不能儿戏。

一天，已经两个礼拜没有见面的我们约着这一天好好逛逛，陪她买点衣服，吃好吃的，再去看个电影，很常规的情侣约会流程。但是我们还是很期待，毕竟太久没有好好放松过，而且太久没有见到了。

我们见面逛了一会儿，领导来了电话。我看了一眼机智地没有接；晓蕾没有说什么，继续看衣服。我想着不是什么事儿，就当我没听到，领导自会找别人去做。后来领导打了三个电话，我有了不祥的预感，这是个急事，他一定要找到我的。

后来领导来了个短信，说是，速回电话！我依旧没回，戏要做全套，特别是，当领导的电话三次响起，我并没有接，后来领导又来了短信，我看到晓蕾的脸色渐渐地沉下去，我赶忙解释是领导，不是别人，然而并没有什么用。

后来领导在短信里简单地跟我说了下情况，让我看到赶紧回复。我一看短信，废了，这事非得我亲自出马才能行：提案日子提前了一天，周日就要出差去提案，我今天必须要和领导对好了方案，不然明天一定会出问题。可是，我看了看晓蕾装作若无其事地看衣服，其实已经开始要生气的样子，慌张得不知道怎么开口，毕竟上两次，我也是临时加班把她留在的商场。

我想了想，决定先不管领导，一会儿再回他，看看能不能跟

晓蕾商量陪她吃个午饭，我就先撤了……晓蕾不是个不通情达理的女孩，之前都很好，支持我加班。但上次机场我爽约之后，晓蕾对我的忍耐似乎到了极限。她开始不能忍受我加班，开始会和我的工作较劲，她很在乎，到底是她重要还是工作重要。那时候我很不理解。

我知道自己挺过分，但是工作上的事儿，实在是没办法。我战战兢兢地跟晓蕾说明了情况，晓蕾竟然没有生气，她说，没事儿，你工作忙，去忙吧，不用管我。

什么？晓蕾懂事得让我感觉到后脊背发凉，我不清楚，她是真的不介意，还是再说反话，或者是根本不在乎我了。

晓蕾给同事打了个电话，约了下午看电影，之后就让我去加班，自己笑呵呵一脸轻松地走了……

我心里开始五味杂陈了。徐晓蕾我认识她八年了，八年里有近四年，我是她的男朋友，我当然知道，她绝对不是理解我了！她要不是生气过度不想理我了，要不就是她有别人了不在乎了！

无论哪一种，都是很棘手的！天杀的工作，我第一次这么恨我自己的工作，恨客户，恨我的领导，可是我还是去加班了。

带着忐忑的心，我去加班了。其间我给晓蕾发短信道歉，她也没有理我；我开始安慰自己说，她在看电影。后来我在工作中，不时给她发短信，依旧没有回复。

晚上的时候，临近半夜我终于忙完了，给晓蕾打电话也没有人接。本来想着去她家给她道歉，但是我需要回家准别明早要出差的东西，明早7点的飞机，我5点就要去机场。正在犹豫，晓蕾回了短信，说是累了，睡了。

我一看，完了，这是生气了。晓蕾很聪明，她知道她要是不回我，我不放心肯定去找她，她不想见我就干脆回个信，等于明明白白地告诉我：老娘还活着，别来烦我！

第二天，当我以为晓蕾生气不理我的时候，我短信她，她却态度好得出奇。之后一切都好像很正常，我开始质疑，这不正常！这事她不生气是不可能的！晓蕾也不问我什么时候回来，也不约我，似乎并不期待见到我，似乎她开始很懂事，不去吵我的工作。

以前生气，我从来没慌，但是这次我慌了。不知道大家有没有过一个感受，你要是和一个人生气，你会不理他；你要是讨厌一个人，就会觉得连跟他生气都是不值得的。

我这时候开始相信了一句话，女人开始变得懂事，就是不爱你了！我生怕晓蕾是因为不在乎我了，才会这样；我宁可她跟我生气，生很大的气，指着我骂都没关系！

后来出差回去，马上去找晓蕾，晓蕾对我有礼貌而疏远得让我害怕。晓蕾带我去了个咖啡厅，我们坐在桌子的对侧。晓蕾看着我，笑了。

晓蕾说，上一次你把我扔在商场，我就下了个决心，再有一次，我就不和你生气了，我就把你扔下。

我问，啊？什么意思？

晓蕾说，我就不要你了。

我脑子里“轰”的一声，心想，这不行，那么不容易我们才又在一起了，我不能没了晓蕾。

晓蕾看到我没说话，继续说，你没说话，我当你默认了，你就当我不懂事吧。

我忙说，说什么呢！说什么呢！我错了好不好，你再原谅我一回……

之后就是我各种没有原则的哀求，那个时候我真的明白了，我可以换个工作，可是我不能失去晓蕾。在我拼命的哀求下，晓蕾心软了，说了个条件，我答应就继续在一起。

晓蕾的意思是，以后约会，要保持关机，要把工作和生活分开，不能互相影响。

我当然同意了！我想明白了，工作没了可以再换，可是我想要的家人，只有晓蕾。

我用了点儿时间才明白，工作和家人，其实，我选择的是家人。你们呢？

3. 一场无人胜出的战役

我和丹子明里暗里较量了几局，只能说打得难分难解吧。毕竟我还是觉得和一个女人计较是不太对的，但是考虑到丹子的战斗力堪比半兽人，我就又从道德上原谅了自己。

斗争了一段时日，一个消息传来，我们的上司要离职了，去创业了，这就说明有一个巨大的机会摆在我们面前，我、丹子、天津大哥三个人当中有一个人会晋升。天津大哥自然是不用考虑，整日无欲无求，业绩上也和我俩差很多。真正的较量在我和丹子之间，我俩有一个要升职。

那段时间我发觉丹子看我的眼睛里能喷出火来，本来她就是什么都和我急，打压我们部门的小孩儿，这回好了，她名正言顺地竞争了，我真是防不胜防啊。

丹子的部门里配置很高，凡是工作效率不能以一敌三的、不

能加班的都被她开除了，剩下的人都是精英中的精英，全公司就数她部门的人干练。不像我，顾及小孩的颜面，又考虑着是不是可以多给几次机会让他们成长，所以我的部门大概是最具活力和热闹的；创意方面我们还不错，但是战斗力真的是心有余而力不足。

一天上司找我谈话，我猜他是在盘算接他职位的人的问题了。上司没有直接说，上来就和我谈理想。有一句话叫作和你谈理想的老板都不是好老板，上司就和我洋洋洒洒地聊了半个多小时的理想。我一直没搞明白他是想考虑我的升职问题，还是想把我拉去跟着他干，只能问啥答啥吧，后来我就出来了。

出来之后迎面撞上了丹子，丹子一脸仇视地看着我，感觉好像是我为了升职做了什么暗箱操作一般，我没多理会。丹子假模假样地冲我笑笑，就去敲老板办公室的门了。我并不知道是老板找了她还是她气不过自己要进去的，不过我想大概也是谈理想吧。

后来的结果，挺好，部门里来了个 35 岁左右的男人，直接进了上司的办公室。我大概意识到了什么，后来上司出来跟我们大家说，这位将是我们的新领导，大家鼓掌欢迎。

我还能保持微笑地鼓掌，丹子却僵在了原地。直到领导叫我们三个头头儿过去说话的时候，丹子还是面无表情的。我心里不舒服，但不能让自己表现出来，毕竟我还没找到下一份工作，不适合跳槽。

丹子果然离职了，她连交接都没做，第二天直接离职了。管他三七二十一，她就是这个个性。但是意外的是，在她走了的第一个周末，我接到了她的电话。

丹子是个川妹子，她约我在一个她一直觉得地道的四川老火锅吃饭。我不明所以，但还是去了。

我俩坐在一起感觉有些尴尬，毕竟大家较量了也不是一天两天。现在我反而有些不好意思了。

“能吃辣吗？”丹子像个没事儿人一样，好像有过节的从来不是我俩。

“能，地道的来吧。”

“行，那咱就吃最地道的。有机会你去四川我带你吃更正宗的。”丹子笑得很放松，仿佛我们是好多年的老友。

“好，我记住了。”我也笑笑，感觉好像很多事儿都释然了，一个姑娘都这样了，我一个大男人还计较就太娘了。

“我离职了，这顿算散伙饭。现在咱俩不是竞争对手，就是老同事了。”

女人的思维还真是不一般，我这等拙男显然跟不上节奏。“啊？”我不知道说什么，只能等着她继续说。

“请你吃饭，是想着工作上的梁子可不要到生活里才好。大家都是这个圈子的，好歹还能再遇到，都是朋友是吧。”

“当然，那是自然。”我很惊讶，这姑娘想法还是很独特的，很大气。

“以前有对不住的地方，给你赔罪了。”说着丹子一杯白酒就下肚了。

我有些惊了，这酒量，我怕是今天要完了。

酒过了一巡，丹子问我离职不？

我摇摇头："不。"

"都被欺负成这样了还不走？"丹子显然是被公司的行为气到了。

"我不能走，我跳过来不久，好歹升一升再走，或者再久点。现在走，下一家公司会认为我个人能力有问题。"我说的是实话。

"聪明人，我太冲动了。"丹子自嘲道。

"你不是，你就是那个性，不顺心老子就不伺候了，潇洒。"我说的还是实话。

丹子哈哈大笑，直说懂她。

后来我们喝得差不多了，我发现川妹子不仅能吃辣，喝酒也是挺厉害的。我都有些晕乎乎，她感觉还是挺自在的。

之后我和丹子就成了朋友，偶尔吃吃饭聊聊天，聊聊她的新公司，聊聊我们的老东家，聊一聊行业内的事情，也有利于新信息的获取。

那天我说的当然是实话，不过，我还有点儿没有说。丹子离职了，我并没有赌气离开，我的想法很简单，我跳到这个公司来，好歹我要升一个职再走。如果升职的不是我，那么我一定是有不好的地方。我要搞清楚，是我不够好，还是有些操作。如果不是我的问题，我足够胜任这个职位，那么我就可以考虑跳槽了。

再说，我一个大男人不至于气度太小。我倒是想有一段时间来看看新领导比我多的是些什么。这样不是比我负气出走要来得好一些？

很多人没有办法面对空降的领导，感觉没有脸面继续在公司待下去。我觉得完全没有必要，我们从为别人打工开始，就要明确自己的目标，我们要的是什么；明确了这个，剩下的就是全力以赴，甚至不计方法地达到。其中所谓的不计方法，有一条就是，上班的时候记得把脸放在家里。

完全不要脸地不懂就问，不停地磨客户也好，上司也罢，只要我们能提高。这年代脸皮薄的吃不饱饭，不光是这个年代，哪个年代脸皮薄的都吃不饱饭。

所以面对空降，我们完全不要介意，该怎么样就怎么样，我们离职的唯一原因应该是没有上升空间了，而不是各种不爽、不公平。把心态放平，像我一样心大到体外了才能活得开心，是不是？

4. 辣妹不是你想泡，想泡就能泡

本文又名，狗哥的悲催爱情。

狗哥身边一向不缺姑娘，好多姑娘喜欢他，但是他看上的不多。这些姑娘也就是垂涎三尺远远地看着吧，狗哥可是很挑剔的。

所以狗哥其实吧，也有两年没谈恋爱了。他不喜欢主动的女生，他这种男孩，宁可花半条命去征服一头狮子，也不要和小白兔谈恋爱。狗哥这次遇到了他的女狮子。

这姑娘怎么形容呢？中文叫辣，英文叫 hot，这还只是她的外表，她的性格更是个辣妹子！特别泼辣，工作能力极强，说一不二，正是狗哥欣赏的类型。狗哥顿时来了兴趣，跟我和肖飞取经了半天，又询问了晓蕾一些姑娘的最爱，然后晓蕾成了狗哥的参谋长，我们一群人开始帮着狗哥搞定他心中的维纳斯。大学时候在宿舍追姑娘也是这样，倾众人之力只为博美人一笑。

这姑娘是狗哥公司的新员工，算是半个新手，倒也不是实习，只不过确实年龄比较小，但是长得确实漂亮；在公司里人缘也好，无论何时总是有一群男人鞍前马后任劳任怨。美女都是这待遇没啥奇怪的，但是这姑娘谁也没看上，倒是对狗哥的态度好得出奇，狗哥便春心荡漾了。

其实吧，我怀疑这不过是狗哥的想法，不是有那么一说，男人你只要多看他两眼，他就会觉得你喜欢他。我想狗哥可能是错觉吧，但是既然狗哥喜欢了，当兄弟的就得帮忙，是不是？

狗哥在这个公司算个中层领导吧，能力强，所以也算是这公司的潜力股，深得老板欢心。狗哥这人仗义，对下属又好，所以在公司是很受拥戴的，人缘极好。

后来我们怂恿狗哥主动多说几句话，没想到这姑娘还真搭茬儿，两个人你一言我一语，聊 QQ 常常聊到半夜。我和晓蕾想着这怕是差不多了，琢磨着给狗哥找个契机一表白，两人顺理成章在一起。

没想到，还没等我们行动，狗哥回来说，成了！这姑娘，追到了！我们大喜啊，但是这么快，只有两周，两个人就在一起了，我和晓蕾都隐隐地觉得不安。

狗哥立即就陷入了疯狂的热恋之中，周末的聚会人影也不见了，陪女朋友逛街吃饭看电影，忙得不亦乐乎。半个月就能看出

来狗哥胖了一圈。对了，他健身房也不去了，哪有时间！得陪新女友啊！

后来狗哥把年假给休了，这姑娘的假狗哥也给批了，两个人去大理，看山看水，看日出日落去了。说实话，这是我看过很狂热的恋爱了，两个人都醉了。

但后来还是出事儿了。有一天女孩去试衣服，狗哥拎着包，包里的电话一直响个不停，狗哥怕是有急事儿就拿出来看看是谁，结果发现是个未备注号码。狗哥是个讲究人，也没敢接，一直拿着等姑娘出来。

姑娘一会儿就出来了，接过狗哥的手机，看了一眼电话号码说了句不用理就静音扔回了包里，那神情分明好似认识这号码的。

狗哥有些疑惑，就忙问这是谁啊？

姑娘说，广告，没事儿。

狗哥说，广告你看一眼就知道？现在广告也不用个人电话了。

姑娘有些急了，就是广告！

狗哥也没多说，两人继续逛街。

狗哥也是记性好，看了一遍号码就能记住。他就跟我说，我俩一查，是外地的号码，这姑娘正好是那个地方的。

狗哥感觉到了不对劲，哪有那么巧的事儿。不过他没声张，静静地观察这姑娘。之前没发现，这姑娘总是喜欢出去接电话，而且在狗哥面前有些电话她就接，有些她就不接，直接挂掉。狗哥大概意识到了什么，他打算和女孩聊一聊。

还没等聊，一个男人就在公司楼下堵住了狗哥。狗哥心里想着不会这么狗血的剧情发生在自己身上吧！结果就是这么狗血，这男人大概30岁，一看就不是省油的灯。上来就抓着狗哥脖领子，问他和那姑娘什么关系。狗哥虽然有些蒙但是气势上没输，甩开了这男的，推了他一下，说关你屁事！

还没等狗哥说完话，姑娘慌慌张张地从里面出来了。她拉开了两个人，大声斥责那个男人，跟狗哥说了句一会儿给他打电话，就拉着这男的走了。

事实不出我们所料，狗哥成了传说中的“小三”！人家姑娘和这男的在一起好几年了。狗哥当然是很生气，但是一想当时确实没问这姑娘有没有男朋友，也怪自己。我就说狗哥喜欢这姑娘喜欢得脑子都昏头了。这姑娘呢，她表现得特别喜欢狗哥，情愿和那男孩分手。

最后的结果是，姑娘和男友分手了，决定一心一意地和狗哥在一起。狗哥虽然气，但是确实喜欢这女孩，也不忍心她难过，两个人就又在一起了。

但是，微妙的变化却是从那时候开始了，裂痕开始出现了，狗哥总是没有办法相信这女孩。狗哥也没有办法，自己一个西北撸串大汉竟然抢了别人的女友，当起了“第三者”。

其实女孩的变化倒是不大，本来就是狂热的爱情，她还是和狗哥继续狂热着。不久之后，狗哥又发现了问题。

女孩倒不是和前男友出现瓜葛，而是女孩有众多的男性朋友，

现在意义上叫作备胎，每个男孩都能为这姑娘鞍前马后、在所不惜。每当姑娘约狗哥吃饭，狗哥没空的时候，姑娘总能叫来个人陪自己，并且为自己买单。

狗哥一开始只当是普通朋友，就说，改天我请他吃饭，谢谢人家。后来狗哥觉得越来越不对，这姑娘身边的男孩也太多了，堪称“云备胎”。大家都是男人，狗哥自然知道这些男人心里想的是什么。因为这事儿，狗哥和这姑娘起先是聊过，后来就是吵架了。

姑娘之前那个老乡男友是异地，天高皇帝远，并不知道这么多。狗哥和姑娘吵了几回感觉心累就不管了，他大概是放弃这段感情了。

最后的结局很精彩，狗哥戴绿帽子了！姑娘热恋的劲儿一过，就开始不那么黏狗哥了，差不多这时候狗哥头上就开始有了一顶隐形的帽子。直到后来，狗哥发现，这帽子实实在在地存在了一个多月了。

狗哥有些沮丧，跟姑娘分了手，正想着要不要离职，这姑娘就自己离职了。原因是新男友是一个公司高管，她找到了更好的职位……

狗哥的沮丧我们是理解的，毕竟这世界上不仅有渣男，不是很专一的姑娘也是有的。漂亮姑娘危险系数自然是高，狗哥没想到当年他那么拙劣的追求技巧都能追到这姑娘，更何况是那些情场高手呢？狗哥就当是上了一堂课吧。

狗哥后来找对象，要求变得很有意思，他只要善良的好姑娘，长相不重要，人好才行。我们都觉得这是伤得深了才能如此，但是不得不说他的决定是对的。对了，还有一条，他再也不闪恋了。

所以说，广大男孩女孩，颜值不是考量开始一段恋爱的标准，说句很老套的话，人好才是重要的。

5. 那些好意思为难你的，都不是什么好人

很多人可能有这样的困境：不好意思开口拒绝。当别人麻烦你的时候，往往你就不好意思说“不”，只能应承下来，最后搞得自己很狼狈。这个时候你就要相信，好意思为难得你的，都不是什么好人。

在老一辈人的眼里，北京是个金光闪闪的地方，“北京的金山上光芒照四方”嘛。我放假回去了第一年给父亲母亲带了个全聚德烤鸭，可金贵了。后来父亲就说给你奶给你大姑啥的也买点尝尝鲜，那一年回家我拎了七八只烤鸭回去。我明白老爸的意思，才不是尝尝鲜，而是面子问题，你看看我儿子在北京。

我就笑了，在北京又能怎样呢？北京人那么多，吃不上饭的就有我一个。不过也是没办法，这是自己家的亲戚，也是老父的命令。后来我都直接包红包，父亲总不能让我给每个人包个红包吧。

但是我想有很多亲戚朋友众多的朋友一定会遇到这样的事儿，自己好像家乡驻京办，但凡是有人来了北京一定要请客吃饭都是小事儿，陪游才是恐怖的。刚到北京两年，光恭王府我就去了八次，后来都不用导游了。

朋友有些时候还好，他们知道这些事太麻烦你，而且也不好意思让你一直请客；但是，有些亲戚就要命了。

我最头疼的一次是我远得不能再远的一个亲戚，论辈分我应该叫姑，不知道哪儿搞到了我的电话号码。这姑姑给我打电话的时候说自己在北京站，让我去接她。我当时就蒙了，我在上班啊，而且，这人我也不认识，主要是想来不能提前打电话吗？

后来我请假去把这姑姑接了过来，姑姑也没打算住外面就说和我一起凑合睡吧。我一个 20 多岁大小伙子和一个 40 多岁的女人怎么凑合？我就只能到客厅睡沙发，狗哥不在我就睡狗哥屋里。

这姑姑说，我没吃过烤鸭，带我吃烤鸭去呀！我长呼一口气，烤鸭我一年都吃不上几回！我带这姑姑去吃烤鸭，自然是我请客，我套了半天话总算搞清楚她来干吗了。

这姑姑是要来北京找工作，她说是听说北京钱好赚，正好住我这儿也不花钱，能多挣点儿。

我当时五雷轰顶，敢情这是打算在我这儿常住啊！她可是不心疼我，她没看到我睡沙发整天脖子都是疼的。来到我这儿从北

京烤鸭吃到了卤煮炒肝，北京这些东西让她吃了个遍，钱还是小事儿，主要是我大部分时间都是用来陪她的！

我那时候就想，就算是我亲姑都舍不得这么折磨我吧，我用脚指头想也知道她是从我爸那儿搞到的电话号码。没办法我只能问她找什么工作，我尽量给她找到一个包吃包住的，这样才能把对我未来日子的影响降到最低。

狗哥说这样，你让她到烤面筋店去，帮帮忙，咱给她开工资。第二天，我就让她去了。甘子这小孩也懂事儿，也没说什么。结果没三天，这姑姑就回来了，说这活太累了，整天穿串，手都戳烂了……后来就不去了。我心里这个气啊，这姑姑就初中文凭难道还想坐办公室吗？没办法我只能继续给她找。

后来这个姑姑说找到了工作，说在家等通知。等了几天，姑姑才敢和我说，她可能是被骗了，被骗了 1000 块钱，然后这姑姑开始哭闹，好像拿走她钱的是我一样……

后来我只能要了个机灵说，你看北京多险恶啊，你都被骗了，这样，姑姑，这钱我给你补上，给你买个票，咱就回家行不行？回家安全不能被骗。

这姑姑一听，我给补钱还给买票，一下子就答应了。就这样这姑姑在这折腾了我半个多月，我花了好几千块钱终于把她送走了，走了之后我就给父亲打了个电话。

这时候我已经到了忍耐的极限了，我跟父亲言简意赅地说明，以后不要把我的电话号码给不相干的人，就算给了再来我绝不再管，我的钱也是一分一分挣的，不是北京满地都能捡到的。

这真的是我的经验之谈。这个姑姑，她并没有任何感激之情，走的时候好像我和北京这个城市一起合伙骗了她的钱，她大概都忘了我带她爬长城吃烤鸭了吧……不过这样也好，我生怕她回去之后和我那一群远方亲戚说我在北京带她吃带她喝，回头还给她钱……然后越来越多的亲戚来到了北京……

在刚上班的前几年，有个女同事巴巴地过来求我能不能替她加个班，她有急事儿。我心软也不会拒绝别人就答应了。那天晚上我忙到 11 点才弄完，坐夜班车翻 QQ 空间，发现这姑娘和男朋友在外面玩得正开心呢，还发状态。

之后我那个工作做得并不是很好。主要人不一样，想法不一致，我没听到她领导开会的意思，我按照我的想法做，自然不能满足她领导的要求。既然这样我就没指望姑娘能感谢我了，不过姑娘还是感谢了我，给我买了杯咖啡。

我以为事情这样就结束了，但是后来意外地听说这姑娘埋怨我很久，到处说我故意陷害她……我顿时心中真的八百万只羊驼在奔腾……想死的心都有了。

后来同事的忙我就不忙了，实在没辙我先说好不一定会做到让他满意，反正上次的黑锅我是不打算再背了。

直到遇到了这句话，说是好意思为难你的都不是什么好人，我才坚信不疑，能来麻烦我，大多都是不心疼我的人。

狗哥、肖飞他们从来不为难我，很多时候还会为我着想，为

难他们自己，这才是朋友。这样的朋友，我愿意为他们两肋插刀在所不惜。对于那些为了自己蝇头小利不惜插你两刀的人，对不起，出门左转，好走不送！

所以，不要怕拉不下脸拒绝，有人敢把脸放家里来让你为难，你有什么不能说不的呢？请一字一句地告诉他，对不起，这个锅，我不背！

6. 关于未来，你想好了吗？

这个是说来轻巧，但是也有些沉重的话题。关于未来，我们都幻想过很多，但是实际想过的可能很少。

很多北漂、沪漂、广漂，踌躇满志地来到了大城市想闯出一片天地，但是在第三四年或者更久的时候，突然好像失去了动力，突然不知道自己为什么在这个大城市像个没根的草一样地漂着了。我遇到过很多这样的朋友，有的回去了，有的还在撑着。我不给你们什么建议，我也没有这个资格，只说说自己的想法。

晓蕾和我有个大学同学叫刘云，女孩，长得一般，是晓蕾的朋友。大三的时候保本校研究生没保上，就开始准备考研，想考师范类的，她说她的梦想是当个老师，晓蕾说这梦想好啊！全力支持，两个人一起复习考研。

后来结果是她俩都没考上，晓蕾决定“二战”，因为她觉得自己离成功只有一步之遥，她应该努力。考过研的人都知道，“二战”是很平常的事情，很多人都是考了两次甚至更多才有结果。

晓蕾问刘云还考不，一起租房子复习。刘云说，不考了！晓蕾说，那你不想当老师了？刘云说，只当是我没那个命吧，我想先去工作，然后看看工作需要什么专业我再考一个！

晓蕾也没多说什么，毕竟“二战”其实心理压力是大的。刘云决定来北京，带着行李来了，就去找工作了。但是她也没找到本专业的工作，大概是进了一个小公司做了校招活动之类的。倒是也自得其乐，刘云做得不错，升职也不错。

刘云有时候会和晓蕾打打电话，聊一聊现在的情况，晓蕾发现刘云融入得不错。有一天，晓蕾问刘云，你本来想要做什么？你原来想做什么行业？刘云笑笑说，我先活下去再说吧。

后来刘云跳槽了，到一家大公司做公关，或者是家公关公司，我忘记了，反正我只记得她因为她的第一个职业就决定了她后来的方向。后来的某一天，刘云突然给晓蕾打电话说，她要结婚了。晓蕾很是意外，因为明明她们就说不急着结婚，大家还有梦想呢。

晓蕾想着可能是真爱吧，就问说什么时候的事儿，自己怎么不知道。

刘云说三个月吧，家是北京的，人也挺好，他妈对我也挺好的。

晓蕾还是觉得太着急了，就问，那你以前想做的事儿都做了吗？

刘云说，结婚不耽误，也不怀孕；我不想怀孕，等事业稳定了再说吧。

晓蕾也不好说什么，只是说一定要慎重。

参加过刘云的婚礼之后的两个月，晓蕾又接到了刘云的电话，刘云说，我怀孕了。

晓蕾忙问，那你怎么想？她以为刘云并不想要。

刘云倒是很开心地说，生啊，这是我的小天使。

前几天晓蕾刚去看过刘云，孩子都 3 岁了。刘云做起了全职太太。

刘云劝晓蕾赶紧结婚吧，结婚了就不想那么多了，什么事业啊啥的都是年轻时候想的事儿……

晓蕾笑着应承着，不再问她梦想和远方。

回来之后，晓蕾跟我说，她和刘云可能再也没办法成为朋友了……她们原来一直都不是一个世界的人。

我讲这个不是说不能结婚，安定下来自然是好的，但是大家有没有发现，这个姑娘她从来都不知道自己想要的到底是什么，到底要成为一个什么样的人。

这个是你们每个人要漂之前就要想好的：你们到底想成为什么样的人？你想成为谁？或者说句土的，你的梦想是什么？一旦你想好，剩下的就只有努力了。

生活中有很多人随遇而安，这也是个不错的品质。毕竟这样

生活得很快乐，但是，这样不免有些糊里糊涂了。

我们既然决定要北漂、要广漂，那就说明这是一场很艰难的战役，战役的结果要么是我们旗开得胜，抓住机会活出个样子，要么是铩羽而归，兴致黯然……很多人会说，刘云也没有目标，但是她活得很好啊。

我不得不说她活得是不错，但是大家有没有想到她是幸运的，她如果没有遇到她的另一半，那么她会是什么样子？

她还是会跳槽，她从来没有想过做什么坚持住，做出名堂，她可能会随着变化和机会，不停地跳，许久之后，她累了，可能就离开了。

说到这点，我最佩服的还是肖飞。他一门心思地想当编剧，然后不顾一切地做了，无论是吃不上饭，还是被房东赶出来，他都没有变，最后他成了一名真正的编剧，有作品，有人叫他肖飞老师的编剧，在我看来这就是成功。

所以，北漂最重要的不是耐力，而是信念。你要有个信念，要一直清楚自己为什么会出现在这个人挤人的城市，你要一直清楚为什么你要背井离乡到这里租这一个狭窄的单间，挤两个小时地铁去上班，又挤两个小时地铁下班，回家吃着没有营养的外卖，过年还抢不到回家的火车票……

因为信念啊，因为你坚信在这样一个城市，你能有更多的机会成为你想成为的人。就这么简单！所以如果你累了，请想想你的信念是什么。

有些人可能在拼过一段时间累了、乏了，想稳定了，这没错，这时候你问自己想成为什么样的人，这么多年变了没有，要是你发现生活中更重要的不是这些了，是你的父母，是你的爱情，你想成为的不再是那个人，那么，你就大胆地走！

去做你想做的，去做你认为对的，但是请不要后悔，不要有一天跟自己说，那时候我再坚持一下，可能一切就不一样了。任何时候做你认为对的事儿，你要对自己负责。

关于未来，我也想过很多，我想成为什么样的人。我小的时候，会说我想成为对社会有用的人。这可不是思想品德课教的，我自己就是这么想的，后来我也还是这么想的。

我的程序员朋友的梦想是改变世界，他们想要用自己的代码让这个世界发生一些变化，哪怕只是一点点。

狗哥的梦想是有一家自己的公司，他想大概那样就再也不用愁钱不够花了吧。

你呢？你想成为什么样的人，想好了吗？

7. 辞职换升职，我真不是故意的

一个月前我和丹子谁都没能升职，新来了个姓赵的上司。我适应了一段时间，也搞清楚了为什么我们都没有办法升职。

丹子走后顶替丹子的是公司新招的主管，大家以为比较厉害，其实和丹子差远了。丹子效率极高的那个精品部门现在堪称群龙无首，整个部门散架了。

我们的赵领导呢？后来知道赵领导算是老板家的亲戚，老板比较信任，想重点培养，就让他来当个中层领导试试。工作上，赵领导不仅不专业，甚至都有些外行。每次开会跟他解释得我心特别累。

后来赵领导什么事都喜欢和我商量下，听听我的意见。后来，我就变成了这整个大部门的主心骨，快要搞不清楚到底谁是领导了。

这时候，我终于搞清楚，我没有办法升职不是因为自己能力不行努力不够；看现在的情势，其实我和丹子都是可以升职的，只不过是半路杀出了个程咬金而已。看这情形，我想在这公司升职怕是遥遥无期了，赵领导既不可能辞职也不可能被开除。现在，赵领导带着我和大家做出的创意去面对老板，拿着高额的提成。这让整个部门已经怨声载道了。

我呢？当然也气，但是我想领导大概不知道这都是我们做的，换句话说，领导并不知道这是我主导的吧。我想了半天也没什么头绪，晓蕾说请个长假吧，咱们出去走走。

于是我就请了假，和晓蕾去了趟西藏。那地方真是好，空气好，风景好，连蓝天都那么好看。我们一走，走了半个月，其间谁找我，我也没空。赵领导问我能不能稍微加下班，我只能说，不能，我在山区没有网络。

半个月后，我回去了。关键跟我说，半个月搞了两个案子，但是老板都不太满意，还问你什么时候回来呢。我一想是时候了！

这时候，我当然不会傻到主动要升职，我说过那是职场的大忌，绝对不能主动申请升职。相反地，我写了一封辞职信，休假一回来我就提交了辞呈。

老板一琢磨，怕是我年假没干别的，是去面试了啊，这么果断该是下家都找好了。我当然没有，我是真的去了西藏，谈恋爱去了。

我这时候辞职，整个部门就塌了，赵领导完全不行，丹子也

离职了，能撑得起事儿的就我一个。之前我怕老板不知道，这回他知道了，他是断然不能放我走的。

果不其然，交了辞呈的第二天下午，老板就找我谈话了，中心思想是，要不给我涨些工资？或者给我升职，让我考虑看看！我没当面答复，虽然心里已经兴奋开了，我只说我考虑下。

我两天没去找老板，第三天老板坚持不住了，又找了我，问我考虑得怎么样。他告诉我，他想把我们部门拆开两部分，我带着我之前的人和天津大哥的人，赵领导带着丹子的十多个人；我和赵领导一个职位，薪水也是一样的。

我没有马上答应，而是表示为难，说回去和女朋友商量过。这边我都习惯了，并且离家近，她不想我走，但是我本都打算走了，现在很纠结。

老板笑笑，那纠结啥，那就不走了呗，男人啊，得听女朋友的，结婚你就知道了。别走了，就按我说的来，你多挣点儿钱好给女朋友买礼物，你们年轻人兴这个，我知道。

我最后答应了。我当然会答应，因为我就是这么打算的。老板也很高兴，晚上请了我和赵领导吃饭。

这大概是我一步很险的棋。不过仔细想想也没什么怕的：不辞职，就还是这个样子；提出辞职后能成功升职加薪，我就赚了；万一没能升职，那我再找工作呗，反正情况也不会比现在差。

后来部门就这么改组了，我也终于坐上了中层领导的位置，严格来说中等偏下吧。我知道自己什么位置，而且很多事还是要和赵领导商量，一起来决定。

让自己升职的办法有不少，但是最基础的是让你自己的水平真的够升职了。我见过一个同事很有意思，我给大家讲讲。

这同事都工作八年了，职位稍稍有些上升吧；物价都涨成什么样子了，他的工资也就是随着物价的涨幅吧，永远是只够能吃饱饭。这姑娘逢人就说领导不待见她，她怎么还不升职啊，轮也轮到她了。

我最气的就是这句“轮也轮到了”，她觉得领导不待见她，但是她并不辞职，她等着轮到她升职，等了七八年都没等来。

现在这种讲究效益的公司哪还有轮这一说！是看能力的。后来，公司来了个新毕业的孩子，也就一年吧，职位就上去了。把这个姑娘气坏了，说凭什么轮到他？自己等了这么多年怎么不是自己？

升职加薪这等事儿可从来都不是轮就能轮上的，要是等着轮就可以，那我们为什么还要努力工作呢？这个工作了八年的大姐，我猜她辞职也换不来什么升职吧。要是你这样的，千万不要尝试，还要感谢你的领导还能容忍你才对。

如果我们觉得自己的能力够了，而由于某些原因在公司得不到升职，不妨试试这一招，毕竟你什么都不做也不会升职，是不是？

这次升职之后，我发觉其实做中层领导和小领导一样，只不过是要看更大领导的脸色罢了，总是给人打工的嘛，有些委屈是

要受的。其实压力是要更大的，因为很多时候你是决定十几万甚至上百万公司收益和员工提成的。其实，我没那么在乎公司收益，我在乎的是那些跟着我奋斗的小孩，他们的努力不要白费。要知道有那么点儿提成已经足够他们开心很久了，至少我以前是这样的，我不想他们失望。

后来我发现升职之后我要加的班就更多了，不是规定的，而是我自己知道我需要加班——当领导就是这样，连加班都是自觉的了。有时候忙得不行，晓蕾也会怪我没时间陪她，我也只能不停地赔罪。后来晓蕾都释然了，很晚的时候会给我带来夜宵，陪我加班。

那时候心是很愧疚的，但是我总想着现在忙一点以后能轻松一点，在北京这个城市，早点有个安定的地方，我和晓蕾也不用像是城市游牧民族一样不停地搬家。

说远了，反正我要说的就是，辞职有时候会升职也是有可能的，只要你确定自己是真的有能力的。

8. 办公室里只有两种人：主角和龙套

这里面的办公室是一个范围，一般指的就是部门里的人。我升职了之后，和赵领导也算是一个“办公室”了。有些人问为什么没有配角？残忍一些说，作用不大的人，连配角都算不上。我还能记住部门里每个人的名字，比我再大一些的领导，最多只能记住我的下属主管关键的名字，剩下的人？那必须都是龙套。感觉全是小张、小王和小李。

上学的时候我们都知道，老师总会有一些特别喜欢的孩子，往往这些同学的成绩都很好，又很听话。其实残忍的竞争已经从那时候就开始了，只不过我们还不明白。

有了好事儿，老师会先想到那些主角同学，剩下的几十人就只能看着。也不能怪老师，毕竟老师一个人脑子也照顾不过来这么多孩子，总有一些会忘到脑后去的。

而你心甘情愿做脑子后面被遗忘的人吗？工作了也是一样，老板每天事儿很多，记不得那么多人名，从李强、王强、张强到赵强在老板眼里都是那个什么强。老板通常只记得一个给他创造过最大利润的某个人一段时间，过后其实也就忘了。下次见到你，老板会说，那个谁……这时候你要赶紧说出自己的名字，因为老板就是忘了，但是又想给你面子，你也就赶紧说出来给老板个面子比较好，是不是？

很多观点教育我们说要谦让，孔融让梨，要会合作，要乐于当绿叶。在生活中这样是没错，我有两个梨，一个大一个小，我情愿要那个小的，我喜欢我的兄弟姐妹朋友开心，但是在职场呢？在一间办公室里你甘于当绿叶，那多少人巴不得当那朵红花呢。

甘于当配角在生活中是可以的，毕竟家是一个讲爱而不讲道理的地方，无论什么样的配角我都欣然接受，但是在办公室里甘于当配角，我只能说，如果你本来是无欲无求、胸无大志的人，那么请继续做绿叶吧。

我和赵领导这回算是同一个“办公室”了，势必是有个人要成为主角，有个人要成为龙套的。我尊敬他，是因为他是我原来的领导，而且年龄也比我大几岁；但是在业绩上，我不能让，毕竟我的房租也不是我谦让了就会得到的。

这里不是说我变得像丹子那样好斗，而是我会毫无保留地展现自己，而不能过于谦让。其实赵领导的经验是很少的，加之他是空降的，大家对他的好感度本来就不如我，所以看起来我更受欢迎一些。

在专业上，赵领导和我真的比不了，他原来似乎不是做这个的，很外行。所以，虽然我俩是平级，但是，事事他倒是喜欢问问我的意见。渐渐地，我成了这两个人的“办公室”的主角。

举一个更实际的例子，我之前给大家讲过我的下属的事情，出镜率最高的是一个叫关键的男孩，他是接替我职位的那个人，还有一个叫“健胃消食片”的魏健，后来他也是我的左膀右臂之一。你看我现在回忆我以前的故事，只能想起来这两人，剩下的人也许我也记得，要么真的没什么故事可讲，要么我是真的忘了的。

这就是当龙套的后果。狗哥是个特别能干而且优秀的男孩，这个我无数次说过，想也知道狗哥绝对是办公室里的主角，而且是绝对主角，都不是什么双挂。狗哥一天接到个电话，是他以前的一个领导，这领导在创业，公司都已经初具规模了，想挖狗哥过去，高薪！

多高的薪水呢？这领导大概是真缺人，或者是欣赏狗哥，给的薪水是狗哥现在的两倍。狗哥当然心动了，回来就和我商量。不过我俩一合计还是不动了吧，年轻人学东西，比挣钱重要。

这领导也是有眼光，说明这么多人当中他看好了狗哥，然后不惜花大价钱挖他。职场上挖墙脚就是这么回事儿，有价值才值得被挖。

你说你一个龙套，人家凭什么挖你？对人家来说，你的价值不足。现在的猎头特别厉害，查一查就知道你的水平，总能精准

地挖到一间办公室里最值钱的人，不惜大价钱。

所以，看到了吗？职场就是这么残酷，别讲究什么甘于当配角，等升职的时候你就知道了，都是主角升职，配角哪里有机会呢。

我们看电视，都只能记住主角，那些配角很多都是记个脸熟；至于龙套，我们只能说，他出现过吗？我怎么不记得了？

很多年以前你们还小的时候，看职场剧有没有幻想过有一天自己可以纵横职场、叱咤风云，自己多么多么厉害，最后难道就是当一个小绿叶？连你小时候都想当个主角，现在为何却不努力了呢？

我小时候就想坐办公室，有个自己的私人办公室，关上门谁也看不到我，然后我在里面想干吗就干吗。老人们讲，那叫“坐办公室”，后来发现不行，现在都是开放式办公，只有最大的几个领导有办公室，玻璃还是透明的，我想那我的新目标就是进入那个玻璃房子里面吧。

想进入玻璃房子，当绿叶可是进不去的。

上学的时候拍照，我发现女生们大多很在乎站位，谁也不想站在边边角角，好像一个配角，都喜欢站在中间，笑得像花一样，我们男孩就知趣站到边边上，画面也比较和谐。

长大之后人成熟了，好像反而想要做绿叶了，不显山不露水。这可能是一种谦让心理，也可能是一种恐惧心理，毕竟越长大胆子越小，脸皮越薄。

在职场，脸皮薄可不行。你要毫无保留地发挥，把你的工作做到最好，是你的业绩就不要谦让。这不是拍照一个站位而已，这是你自己的心血，你要对自己负责。

我刚进入职场的时候也不懂，遇事不喜欢向前，最后总是失去一些机会，现在想想还是觉得可惜。

所以啊，你们要知道，办公室里只有主角和龙套两个角色。你要想想，爸妈生你养你这么多年，自己学了这么多年，可不是为了给别人当配角的，是不是？

9. 饭局的诱惑，你可以挡得住

工作了之后，大家都要多多少少面对各种局。饭局是最常见的，也是让大家最头疼的。之前我接触得少，升职之后发现，各种饭局还真是不少，而且有很多又不得不参加。关于饭局，我有些想法和你们分享下。

首先，我觉得饭局的饭好吃吗？不知道，真的是不知道什么味道，一是因为只知道要聊，把要聊的事儿聊完；二是因为有些高档餐厅的饭菜真的是不敢恭维，我还是觉得家旁边巷子里的那家小馆子的饭菜最好吃，所以每次饭局之后我都会再去那个小馆子吃碗面，不然就会觉得这一天亏待了自己。

我想很多人和我一样对于饭局首先是抗拒的。我不知道你们的原因是什么，我的原因是，一、我不喜欢和陌生人喝酒；二、我不喜欢和交情不深的人吃饭，饭还不好吃。但是有什么办法么？

貌似没有。

索性还好的是，近来饭局越来越少酒上桌了，大家似乎也厌倦了，喝得昏天暗地，谈成了生意。我们接触的客户而言，越是层次较高越是不会喝酒，品酒、品茶或者是咖啡厅的居多一些。

我也遇到过一些层次不太高的，上来就是黑脸，原因是，我们没有给他找两个陪酒的。那时候年轻，不太懂这些，领导赶紧想办法叫了两个，这老板才有了笑模样。

这老板一直喝喝喝，吃完饭醉得不行，还要到 KTV 去续摊。去了 KTV 之后，鬼哭狼嚎的连服务员都受不了了，这场面我也算是开了眼了。那次之后我对这样的饭局是深恶痛绝，连 KTV 我都讨厌，那种厌恶是打心眼里的，难以言表。

我想你们大概也是怕遇到这样的饭局吧。我给姑娘们的建议是，从一开始你就要不会喝酒，可不能因为觉得丢脸就好面子逞强。酒这东西，你喝了一杯，一桌子的人总有理由让你不停地喝下去。你可能觉得自己的酒量不错，但是千万不要小瞧每天在酒桌上滚的这些人啊，所以我的建议是，这种局能不去就不去，万一必须要去，一定要能拒绝喝酒，一个女孩子在外喝多了真的很危险。

对于男孩子，我也是有建议的，我的建议是装，不是装孙子，是装义气。你要从一开始就表示不能喝酒（即使你真的能喝），你酒量很小，喝喝就醉了，但是你又很豪爽，无奈你喝了几杯，接下来你要做的就是真的装醉了。这样也没有人说你不给面子，

最多说你酒量不行，也别介意。在我的概念里，醉酒是要和好朋友的。

我的酒量其实还好，和狗哥还是能喝上一阵子的，但是我在饭局上还是表现得我不能喝，但我也不扫大家兴致，第一杯我喝了，剩下的我陪着，倒是也没得罪客户和领导。

饭局这东西可能我们都没什么好感，但是，这可能是很必不可少的一个中国礼仪，更偏向于陋习。当没有办法拒绝的时候，我们要尽量地保护好自己才是重要的。

我刚上班没多久，有一个女同事被拉去参加了一个饭局。我当时有种不祥的预感，因为客户之前来的时候，大腹便便，梳着油头，眼光不停地瞟女同事。那个目光我现在想来，算是猥琐吧。

女同事算是我的姐姐，我们关系还不错。我下午去楼下买咖啡的时候在便利店买了包牛奶和一瓶维生素，女同事要走的时候我塞给了她。我是真怕出事儿，因为这个姐姐长得真的算是挺漂亮的。

我叮嘱说有事儿给我打电话，我知道这姐姐没有男朋友，也是个北漂，一个人实在太危险了。可是这姐姐满不在乎地说，没事儿，我酒量可大了！

我一听就知道要完了，我是不知道这姐姐酒量到底多大，但是我知道，绝大多数情况下，姑娘都喝不过一桌子男人。

我想着领导带女同事去，怕是就是因为这样客户会开心吧。想指望领导护着她算是没指望了，我只能随时看着手机，看有没有什么我需要帮忙的。

果不其然，在晚上 10 点多的时候，我真的接到了这姐姐打来的电话，她说她包丢了，让我能不能去接她。

我到了才知道是怎么回事。这姐姐被安排坐在油头客户旁边，一上来就被恭维说，你是东北人，特别能喝吧。这姐姐也是好面子的东北姑娘，这么一说，就来劲了，喝得可豪爽了，结果你一杯我一杯，这姐姐酒有点晕了。

油头老板说，行吧，今天先这样吧，我送她回去，我车方便。领导说，没事儿我送吧，我知道她家。油头老板还生气了，怎么信不过我？

领导没辙只能让他送，这姐姐这时候迷迷糊糊就顺着走了，油头老板自然是没送她回家，直接到了个宾馆。油头老板刚把她扔上床，这姐姐瞬间就清醒了，狂踹油头老板，仓皇地就跑出来了。

出来的时候包就忘了，只剩下兜里的手机了，这就给我打了个电话。

我见到这姐姐的时候，这姐姐还晕着呢，坐在一个什么楼前的台阶上，连高跟鞋都没穿，特别狼狈。

我气得不行，想上去揍油头老板一顿，但是我忍住了。我去到那酒店，找到那老板要拿回姐姐的包。那老板气得不行，嘴角还有些红，估计是被打的。

油头老板不给我，说是让她自己来。我就撒了个谎说，可能不行，她现在受到了惊吓已经被送进医院了，我来取包，里面有

她的身份证，她在路边晕了后有人报警了，警察也在医院盘问具体情况。

油头老板一听吓得一哆嗦，赶紧把包给我了，说，你跟她说，我跟她闹着玩的，可别乱说话啊。

我一看油头老板这样子，心里这个解气啊，后来送这姐姐回了家。第二天她也没上班，领导也很愧疚；油头老板二话没说，该签的都签了。最后这姐姐辞职了，她觉得遇上这么没人情味儿的领导，不待也罢了。

这可是个真实的故事，小姑娘们，可要看好了，我这姐姐长得还是挺壮的，才逃出来，她再瘦小些、再醉些，就真的出事儿了啊。所以无论什么酒量，一定不能逞强，不喝最好，我真的是担心你们啊。

宿醉之后第二天一整天都会不舒服，其实喝酒真的挺难受的，所以，饭局还是能推就推比较好，是不是？

另外，酒，我真的只和好朋友才放心喝。

10. 过有品质的出差生活

自从我升职，管理的人没多几个，活儿多了不少；之前很多工作都是在公司做策划、做创意，但是升职之后越来越多地要面对一个问题——出差。

很多人喜欢出差，我刚毕业的时候也特别喜欢，但是没什么机会。后来出差变多，飞来飞去，反而慢慢地开始变得没那么喜欢了。我想自己可能是老了，不喜欢折腾了。

刚毕业的时候生活也没有规律，后来我的生活开始规律，要吃早餐，要运动，不熬夜，也不常喝酒，过成了狗哥说的和尚生活。从那时候开始，我开始没那么喜欢出差了，出差会打破我的生活规律，经常要早起贪黑赶飞机、赶高铁，睡各种各样的宾馆，干净的或者潮湿的床，经常吃不上饭，也没有办法去健身房。每次出完差我都需要一段时间来缓解疲惫，这使得我越来越不适应

出差这件事。

不知道有多少人跟我一样，念旧，或者说是守旧，我很执着地坚持着一直以来的习惯，不轻易改变。我的生活处于一个平衡之中，一旦打破，恢复起来就需要些时间，所以越来越多的出差让我开始吃不消。晓蕾常常说我矫情，像个姑娘。这时候我常常告诉她，其实我已经很好了，我还有同事出差要自己带床单被罩的……

出差有一个很复杂的程序是——打包行李，还有一个更烦的程序是——拆行李。很多时候，我出差回来半个月，我都懒得打开我的箱子把东西归置回去，这是个很大的工程。很多次都是在需要的时候去箱子里拿衣服，直到箱子被一点点掏空。

后来我发明了一个好方法。通常来说，懒人往往都能想到一些让自己更舒服的方式。很多人说，是懒为我们创造了更加便利的生活。因为懒，出差回来的行李忘记放回去，所以，经常发现，还没来得及收，下一次出差已经悄然来临了。然后我就简单捯饬一下，就可以拉着箱子出门了！

几次之后，我专门准备了一个出差旅行箱，不大，里面有小包装的洗发露、沐浴露、毛巾和牙具，还会有一些干净的内衣裤袜子，基本款换洗衣服，还有一本我百读不厌的《雾都孤儿》。每次出差我只要穿上当季的衣服，多带一套换洗差不多就足够了，这大大节省了我的时间，也不用每次出差前都花好多时间去想需要带什么、有没有落下什么之类的麻烦问题。

后来我还会带一个挂在门上的悬挂训练绳，这样可以在宾馆健身，不至于出差就打破生活规律。出差不代表生活混乱起来，失去了节奏，我们得自己找到这些节奏。

出差要经常住宾馆，在宾馆的安全也是我会关注的地方。虽然我的性别使我看起来比较安全，但是真的可能是看起来而已，我刚工作时候的一次出差让我记忆犹新。

我出差的地方在湖南怀化，一个说大不大说小也不太小的城市。那一天我到怀化的时候已经是夜里 12 点半了，火车站前面有很多拉客的车，我本能地排斥坐黑车，正好公司给我订的快捷酒店也不远，我就打算拖着箱子走过去。

路上我正好要穿过火车站前的一条小吃街，店面卖各种煲仔饭、蒸菜，楼上提供住宿；很多店都是 24 小时营业的，很便宜。我挑了一家坐下来选了几样菜做成了煲仔饭，味道很不错，一解我的旅途劳顿。

正吃着，身后的楼梯传来咚咚的声音，还有些姑娘的争吵声。我回头，两个姑娘各拿了一个大行李箱，从木质窄楼梯上艰难地下来，和老板还不停地理论着。

我听了半天听明白了：这俩姑娘是夜里 3 点的火车，没舍得住酒店，就在火车站前面随便找个宾馆，两人互相壮胆也没害怕就住了；结果睡到半路，睁开眼，发现屋里站了个人，是老板的儿子。小伙子说是没别的意思，就是上去取个东西。这给俩姑娘吓得啊，赶紧退了房，气坏了，和老板理论了几句。

我想这可能真的不是什么恶意事件，但是，这也说明，房间的反锁根本没有用，那么这男孩进去干什么？没往下多揣测，饭也没吃完，就拉着箱子走了。我琢磨着，饭里别再有些蒙汗药，我就惨了。

去酒店的路上，我就开始臆想，男孩要是去偷点儿东西，女孩们起来了不一定会发现，发现了也来不及计较，车都要开了，只能就这么吃了哑巴亏。财还是小事儿，万一有点儿别的闪失，可就不值得了。我要说的是，女孩子也好，男孩子也罢，如果出现了各种问题，又不涉及太大的财产损失，就不要和当地的老板争执，特别是姑娘们，人单力薄，在外不要太逞强了才好。

这事之后，我就开始关注，快捷酒店安全吗？我们住的房间安全吗？大家在出差的时候一定进门要反锁，扣好门闩。但是很多网络上的动图告诉我们，各种酒店门锁都是可以被打开的。

我有个小招，一个女同事教我的，我每次都买连个易拉罐或者一瓶啤酒，锁好门之后放在门内。如果晚上有人开门，瓶子倒了，声音不一定会吵醒你，但是一定会吓走意图不轨的人。虽然我常常因为自己是个大男孩而大意，但是女孩子们一定要小心了，特别是独行的女孩，哪怕你真的是个纯种女汉子。

出差两个方面，品质和安全，我曾经有个女同事在片场做执行六个月，因为不喜欢剧组的盒饭，买了个煮锅，自己煲汤煮粥，过日子一样。最后剧组很多人都来跟她讨口汤喝，她还因此交了不少演员朋友。

我还见过出差自带音响的，因为他要在音乐中放松自己，不是现在的蓝牙音箱，是很多年前的音响，方形黑盒子的那种。

我还有同事出差要带哑铃，这个是我很佩服的，哑铃的分量不轻啊，坐飞机没超重也是挺不容易的。

我还见过出差带《牛津词典》的，这个厉害了，她出差特别多，每次路上看杂志看书她都觉得浪费时间，索性就背字典！我和她一起出差那次，我看她都背到 f 了，想来也是个有韧性的姑娘。

很多经常出差的人都有自己的小癖好或者习惯，但是我想大家的初衷很简单，都是想要保护自己的生活品质，毕竟日子是自己的，总是要自己过着舒服才好。

我见过一些人，常常出差，把日子都过散了，每天睁开眼睛看着不同的天花板都琢磨着，自己这是在哪儿来着。吃喝睡眠都不注意，最后身体都受到了很大影响。我想，如果你经常需要出差，看看我的建议，稍微在乎下自己吧，毕竟差是公司的，生活品质可是自己的。

11. 生活就是舍不得孩子套不着狼

我经常听晓蕾说她公司里明里暗里的斗争，说是姑娘们之间今天比包，明天比衣服，后天就连谁的口红好看都要比一比。晓蕾表达过很多次自己要是个男孩就好了。虽然我很不理解，但是我只能说，你以为男人们的世界会好一些吗？并没有！

公司里和我们一直合作的销售小白突然要走了，我们都没想到。要知道他是跟着之前的领导一起出走，然后又跟着这个领导回来，唯这领导马首是瞻的。突然就说要走了。

我和他的领导、主管销售的副总经理关系还不错。传出他要走的那几天，这个副总跟我聊过，说是会放小白走，留不住了。那语气里满是惋惜，我以为大概是小白另谋高就了吧。

后来，过了几天八卦就传过来了，原来是小白和这副总经理闹翻了才走的，不知怎么小白得罪了自己的老大，这副总经理就把手里所有的资源、项目都给了别的销售，逼得小白不得不走。我这才明白为什么最近小白都不和我们沟通项目了。至于小白是怎么和领导闹翻的，我就不得而知了，大概就是那些钩心斗角的事。不过也是很合理的，有些老板总是会留下最有用的人，才不管你曾经做了多大贡献。

说这个呢，这里我要铺垫下老板无情这件事。曾经我的老板，赵领导，在我跟他平起平坐之后，非常不爽！我能感觉到他在明里暗里试图针对我，来势比丹子要凶猛得多。

丹子离职之后去了另外的公司，发展得很好，还是工作狂。我向她求教，如何在赵领导的攻势下留个全尸。丹子大笑说，道理就是你逆水行舟，不进则退，面对敌人，方法只有一个，人挡杀人，神挡杀神！彻底消灭掉对手才是不被对手消灭的唯一办法。

我长出一口气，当年我能在丹子手里面死里逃生，看来也是福大命大。

赵领导因为与公司有一些裙带关系，所以总是能拿到第一手的内部信息，仿佛他就还是我的领导一般。我本来也觉得没什么，但是，后来反应过来，我不争没事儿，可就坑苦了我下面干活的同事。人家可是指望着那点儿提成多吃几顿肉呢，我得给他们争取最大的利益，最稳最靠谱的项目；不能是我们这个组接的活儿都是模棱两可、不靠谱的活儿，忙活半天合同总是签不成。

我想起了我第一次拿到提成，高兴地请狗哥肖飞吃了顿爆肚，涮了好几盘子肉，好像捡了钱似的。所以我想，我要争取，

让我的人也都高兴高兴，也能大大方方地请自己的朋友吃顿爆肚大肉！

我有个优势，我带的人是自己的人和天津大哥的人。大哥是个好人，我们关系一直都很好，所以，我交代的工作完成得都很出色；剩下的就是我之前的人，关键带着，魏健也成了关键人物。

赵领导呢，他带着之前丹子的人。丹子的人那都是人精啊，工作能力不容小觑，但是越是精明的人，越不好管理。他们之前虽然不满丹子的“暴政”，但是至少他们是服丹子的；赵领导就不一样了，赵领导完全空降，能力和丹子少说差了八条街。这群人没一个服赵领导的，赵领导经常用不动人。

但是这并不妨碍赵领导挤对我，我的原则一直是做好本职工作，剩下钩心斗角的兵来将挡、水来土掩。赵领导自打确定了挤对我的方针后，真的是一门心思地跟我过不去。丹子之前的这些员工跟我也是没缘分，一直被放在我的对立面，但是这回他们就没那么帮着新首领。

我和赵领导没什么恶斗，只是赵领导太专注于搞我，以至于忽略了本职工作，下面的员工又不配合，最终搬起石头砸了自己的脚，工作一直不被认可。

后来我和赵领导其实也没有分个高下，赵领导的裙带关系我也不能撼动，所以，有了下面的事情。

我和赵领导都属于副总监——策划副总监，总监之位一直空缺。公司的原意应该是待到赵领导业务成熟升职为总监，不料半路杀出了我这么个程咬金，加上老赵自己不争气，这个部门就一直两个副总监吊着。

一天，我被叫到了总经理办公室。我也很纳闷，因为一般都是主管策划的副总经理来和我们直接沟通。总经理一见我就笑，让我后脊背不舒服，委婉地说了很久。大意我也听明白了，是要把我外调。

这个可不是天津大哥的外调，从天津到北京一个火车就到了，或者广州到北京一个飞机就到了的地方，外调是要让我出国！经理委婉的大意是，我和赵领导这么耗着没意思，派我到美国洛杉矶学习工作，食宿有补助，总监待遇。

我听着是好事儿，就问为什么不让赵领导去？因为这么久了好事儿都理所应当是他的，既然到了我头上，那一定是有问题的。后来果然，我终于问清楚了，经理也不待见赵领导，但是却碍于赵领导的关系，没有办法做什么，他想把我调出去，招一个优秀的策划总监，等一年我从美国回来之后直接进入管理层，同样是总监待遇。

经理没说为什么要这么麻烦，但是他说，他想培养我。这是继我初中数学老师信誓旦旦说要培养我参加奥赛之后，第二个人这么说。好久没有被看好过了，我很感激，但是问题也来了。

我跟经理说让我考虑考虑之后，我真的好好地考虑了考虑。出国学习是个好事儿，但是，我仍旧有犹豫，出国至少一年，归期未定，我父母的身体尚且硬朗，我和女朋友要面临异地恋，我

和狗哥哥给甘子开的餐馆也照顾不到了，挺多事儿我放心不下。

我自然是希望自己变得更好，但是，生活里也有太多的事儿我不放心，首当其冲就是我失而复得的爱情，我走了谁照顾她？后来晓蕾笑我傻，说是我不去她才不要我了。

最后我还是走了，我不知道我和赵领导的斗争谁赢了，走总是要比不走好得多，至少，我出去看看对自己总是没坏处的。我总琢磨着，我出去一看眼界宽了，在公司这些计较的事儿都不算是事儿了。人外有人，天外有天，我还是去看看天有多大好了。

12. 漫谈异地恋

飞机很快把我带到了新的国家，一切都是新的。唯一一点儿让我觉得旧的，就是我每天早起打的那一通通向国内的电话，晓蕾慵懒而困顿的声音让我感觉到家的温暖。

我很排斥异地恋，我上一次和晓蕾分手，就是因为我们选择了不承受异地恋；可是这次这个别人口中的大好的机会，却让我真的体会了一次异地恋。一直觉得一个大男人情情爱爱地过于矫情了，不过我倒是有很多经验和你们分享。

首先，我这个不是普通的异地，这是妥妥的异国。我一落地就成了时差党，晓蕾数学和记性都不是特别好，所以我经常收到她半夜打来的问候。洛杉矶冬天的时候和国内时差是 15 个小时，中国的时间快 15 个小时，我和晓蕾首先要面临的是如何在世界的两端进行联系。

我和晓蕾约定每天要打一通电话，至于打电话的时候就成了个有意思的问题。我的晚上是晓蕾的上午正在工作的时候，所以不考虑；而晓蕾的晚上 11 点是我的早上 8 点左右，她困顿之时正是我准备上班兵荒马乱的时候；所以，最后我会在早晨 6 点半的时候打电话给晓蕾，聊个半个小时，我收拾去工作，她去洗漱睡觉，一个问晚安，一个问早安。

晓蕾认为，异地恋沟通是个很大的问题，所以，我们要保持每天的通话沟通。我要说到下面的问题——沟通！

异地恋一定要沟通，特别是这种超远距离的异地恋，不是一个飞机高铁就能过去的。切记要今日事今日毕，不能拖着冷战，冷战是绝对没有好处的，因为远距离冷战会让大家距离更远，反而对两个人的关系不利。本来因为时差的关系，两个人能够联系的时间就大大打了折扣，沟通不畅就会导致诸多问题的发生，最后往往结果都很不好。

最后也是异地恋最关键的问题，关于信任。猜忌和怀疑是异地恋的最大杀手。我和晓蕾这么多年了，你说信任问题存在不？存在！我其实相信晓蕾的，因为有些事儿如果会发生，不是我猜忌就能避免的，既然这样，我就选择相信她。对于晓蕾信不信任我，她是信任的，但是猜忌是很多女性的本能，所以晓蕾也会常常假开玩笑真怀疑地问我是不是爱上了哪个金发碧眼长腿美女；我只能说，不可能。

为什么不可能呢？我来给好多心有怀疑的姑娘们拔拔草。

亚裔的男孩到了国外能不能找到金发碧眼外国姑娘？能！但是极少，以我的身高为例，我一米七八，我的许多美国女同事，净身高一米七以上，穿上高跟鞋直冲一米八。甭说人家姑娘少有能看上我们的，就是我们都不敢造次了人家，所以有男友在国外的姑娘们放心了，你们的对手绝对不会是洋妞。

所以，需要注意的是男友身边的亚裔女孩，特别是华裔。因为人在国外真的挺寂寞的，这是实话，很少能遇到说中文的人的时候。碰到一个就会觉得挺亲切的，要是有些共同点，就会喜欢多聊几句，生活上也喜欢互相帮助互相照应。所以，有些问题就会发生了，大家都懂的。

解决猜忌、制造信任的好方法是绝对的坦诚。因为异地所以可能要辛苦地跟另一半及时报备自己的状况让对方了解，减少因为猜忌产生的摩擦。同时两个人也要互相参与对方生活，比如我工作上的很多问题就会询问一下晓蕾的意见，让她知道我在做什么，我的工作是什么，不至于有一天，我们拿起电话完全没有可聊的。

这个社会很浮躁，打开新闻满屏的各种娱乐信息：今天这个大明星结婚了，明天那个大明星离婚了……很多人疾呼再也不相信爱情了。我想爱情这东西，强留也留不住，抓得越紧，失去得越快，拥有就是失去的开始，不是吗？

所以，异地恋，顺其自然，相爱的人自然是会在一起的。我走之前问过晓蕾一个问题，怕不怕我走了我们会生变故。

晓蕾不以为意：要是你就走了这么短时间，就乱来，那么说明你也不是什么好人，不是这次就是下次，变心是迟早的事儿，既然不是好人，我留着你过年啊！没了就没了呗！相比之下，我觉得你还是担心担心我比较实际，最近公司里来了很多帅哥噢！

得！我就是喜欢她这么自信。

说了这么多异地恋可能会出现的问题，其实异地恋对两个人也有些意想不到的好处。有很多情侣生活在一起都不一定会常聊天沟通，可是异地恋每天有几十分钟的时间纯打电话聊天，从所见所闻到天南海北时事政治，都会聊，都会讨论。很多时候你会发现，好像距离远了，话反而多了。

交流沟通本来就是有利于情侣之间相处的，而异地恋就是等于抽出了一段时间进行专门的沟通。很多人说，异地会让彼此的心更近。这也不是没有道理。晓蕾有几个闺密出国留学了，在国外往往因为太无聊就经常跟晓蕾聊天，打网络电话；可是回到国内之后，大家觉得离得近，很多事可以当面聊，反而没有那么常联系，以至于晓蕾知道她那些朋友在国外时每一天的生活，却不了解她们现在的生活。

一样地，刚到美国一段时间，我发现我有好久没和晓蕾这么开心地聊天了。在北京时，很多天都会用社交软件联系，不常打电话，经常忙得晕头了问了句晚安就睡了；可是到了美国，因为出于对异地恋的忌惮，反而特别在乎对方，每天都惦记着打电话。

作为爷们儿，我有些话想对出国在外的男孩们说，多疑是女人的天性，不是不信任我们，每个女人都是福尔摩斯。晓蕾只听我说一句话就能知道我喝了多少酒，你们说厉害不？我要说的是，不要欺骗那些在国内等我们回去的女孩，我们自作聪明的谎言可能会被她们一眼识破。如果她们并没有说，不代表她们不知道，她们可能只是选择了给我们留面子。面对她们的多疑，我们要做到坦坦荡荡、问心无愧就好了，尽量多沟通、多交流。人在异国，有个人在遥远的地方牵挂着我们，想一想就是一件很温暖事儿，不是吗？

异地恋、异国恋都是很有意思的体验，恋爱中经历一些这些磨炼未尝不是一件好事儿，也是个考验。如果有这个机会，大家可以好好体会一下了。

13. 我们还是傻傻地活着吧

我还在国外，听说了之前一个同事去世了；她走的方式让我们有些难以接受。我不想去讨论她的是是非非，也不想去讨论多么高深的“我从哪里来，我将到哪里去”，我只想简单说一说，我从小到大对于死的不同想法。

我小的时候总是喜欢让自己钻进死胡同里，研究人为什么要生，为什么要死，人死了之后会怎样，人如果要死为什么还要好好活着。后来越想越害怕，就强迫自己不去想，然后久而久之，就觉得死其实是离我们挺遥远的一个事儿。

高中的时候，我们有个小圈子，从初中时关系就特别好，一共七个人。高一军训的一天，周大嘴慌慌张张地跑过来跟我说，罗儿他妈没了。我脑子“嗡”了一声，忙问怎么没的。周大嘴说，阿姨突发脑出血去世了，死的时候还拿着给罗儿刚买的鞋。

那是我这辈子第一次因为死亡而感到心疼，我满脑子都在想，阿姨手里的那双鞋，罗儿大概这辈子都舍不得穿了。那天晚上，罗儿已经回家处理后事了，我们剩下的六个人坐在操场上，不知道说什么，就一直看着月亮，周大嘴也不知道从哪儿弄了三罐啤酒，我们你一口我一口地喝了。我想大家心里应该和我一样都在想着两个事儿：一个是心疼罗儿，一个是在想要是发生在自己身上要怎么应对。那时候，我才觉得可能某一刻，我的亲人就会离我而去，而我却那么渺小、那么无能为力。

后来在大学，有一天我们上课，快到电梯了，听见头上“咚”一声，保安还在说，最近这保洁阿姨脾气可大了，大垃圾袋都用丢的。我们没多想就进了电梯，在电梯里听到了很大的尖叫声。出了电梯，我们一眼就看到了六楼天井的玻璃上有个趴着的人，因为我们的教室就在六楼。

学校那个楼是个井字形的楼，十多层，在六楼处有个玻璃天花板算是个玻璃天井。我们无数次地打趣说，跳下来会不会砸漏玻璃掉到一楼。事实证明，不会，玻璃完全没有碎裂，碎裂的只有脆弱的人。这男孩是隔壁高中的高二学生，不知是压力大或者是什么原因，就选择了结束自己。再确认这孩子身份以前，那一天学校叫来了所有班级的男班长，让他们确认是不是自己班级的人，胆子小的可以打电话给每个人，确认安全。

隔壁班班长和我关系不错，后来出去吃饭的时候他说，那一天他这辈子也忘不了。他人在校外，就只能打电话给班级的每个

男生。他说，他拿出上课点名的本子，一个一个地打，打通了的打钩，他第一次觉得等人接电话的滋味是那么难受。有一个男生的电话就是打不通，班长打给其他人，没有人和他在一起。班长说，他和这男的一直有些过节，但是他悬着心，一遍一遍地打，打的过程中，他就觉得之前的过节都不是个事儿了。

后来男生终于接了！班长连解释都没有，上来就开骂了，一直问他不接电话要电话干吗！后来这男生和班长别说过节，哥们铁得跟一个人似的。是啊，放在死面前，别的还是个事儿吗？

过了几天，我去天井玻璃那儿看，上面放了几束花，别无他物，看不出这里曾经发生过什么。其实在男孩去世后的几个小时内，教学楼就又恢复了往日的教学，该上课的上课，该做实验的做实验，仿佛从来就没发生过什么，只不过那天晚上，我们困顿的晚课没有一个人睡觉。我突然想起一句话，说的是，你所挥霍的今日，正是昨日殒命之人期待的明日。

工作之后，有一天妈妈来电话说，好友的丈夫去世了，我知道那个叔叔是个极好的人，和阿姨也是很恩爱的。我和妈妈去串过一次门，叔叔一直跟妈妈“告状”说我阿姨做饭比以前更难吃了，说她就知道买超市打折品，说她就知道疼儿子虐待他都不买肉。在我看来，这个恩爱秀得高端！

叔叔人很好，整日给阿姨做好吃的，陪阿姨逛超市。两个人好像从年轻时候就这么一直过来了，突然叔叔就走了。妈妈说是蛛网膜下腔出血，我也不太理解是什么病。人类太渺小，随便哪里出了问题都可能要了命。

那时候妈妈的情绪比较不好，她开始思考自己的一辈子，然后还思考后事，她生怕自己突然就撒手了，留下一堆不放心的事儿。那时候我也开始怕，我好怕母亲因为同龄人的去世开始思考我小时候的那些问题，人为什么要死，不死行不行啊！

后来母亲身边又有些人走了，母亲开始注意养生，开始锻炼身体，开始考虑旅游，开始舍得花钱吃，舍得花钱穿，开始要去做那些年轻时没有做的事儿。这是个特别好的事，人啊，活着就要早点享受生活，终归都是死，活得值一点儿何尝不好呢？

我这个同事，大概是为情所困吧，挺好的一个女孩，很善良，挺单纯的，大概就是太善良单纯了，太相信这世界，太相信爱情。突然有一天失去了，就开始慌张，开始觉得没有意义，为爱而生，为爱而亡。

我不想评价说，她是多么傻，为了不值得的人，或者说，她不孝顺，不考虑父母。这些固然是一种看法，作为她的同事，我只能说，她是个敢爱敢恨勇敢的傻姑娘。我不去评论她的做法，毕竟我相信她这么做总是有她的理由。

同事去世后，网上有一些声音，大多是说女孩傻，说她不孝，说她不值得同情。这里我想说的是，如果我们身边有这样因为各种事情，自己选择生死的人，请尊重他们的选择，不要妄加评论，毕竟能有勇气直面死亡的人，总是要比活着但是却已经死了的人更值得敬佩。

人总是有双重标准。当三毛用一条丝袜送自己去寻找挚爱的荷西的时候，大家说这是凄美的爱情，这时候怎么没有人跳出来说她年迈的父母？当海子趴上铁轨之后，他的死亡就被赋予了各种各样的意义，怎么没有人多言语？无论生死，我仍喜欢三毛，仍喜欢海子，我理解他们的死亡，我最惬意的心境仍然是面朝大海，春暖花开。所以，大家请不要轻易评论一些人的生死，请相信，他们有足够里的理由做主自己的生命。

我对于死亡，敬畏或者说是恐惧吧，小时候的问题，我知道答案，但是我还是不想去想，不想去告诉自己我懂了。我还是想傻傻地活着，不负人情，不负花开，不负自己。

14. 外国的月亮比较圆吗?

曾经大家喜欢打趣那些崇洋媚外的行为，说这些人觉得外国的月亮都比中国圆。这回我在国外，亲测，外国的月亮真的比中国的圆。

因为什么呢？因为思乡，就会喜欢抬头看月亮，不知道是不是当年启蒙的那首诗，“举头望明月，低头思故乡”的缘故，还是什么“海内存知己，天涯共此时”的影响，人在国外的时候的确喜欢抬头看月亮，特别是想家的时候。

每每抬头总是觉得月亮又圆了一些，又亮了一些，而在国内，其实很少会抬头看月亮。

今天我要和大家分享下我在国外的工作生活。在国外的日子真的很无聊，常常一整天一句中国话也说不出口，也理解了那些矫情的文字什么叫“寂寞能掐出水来”。

公司对我很好，给我租了个小公寓，所以整间屋子并没有室友。后来我就有了个习惯，我开始自己和自己说话，特别是周末的时候，这时候连说英语的人也没有了，我就自己跟自己聊天，挺有意思。狗哥说我魔障了，我觉得也是。

偶尔会和同事出去到酒吧坐一坐，或者参加个朋友家里的party，但是其实大多数的时候还是自己一个人。所以我开始看国产电视剧，从来不爱看电视剧的我，开始看那些婆婆妈妈的剧，周末吃点儿水果、做做家务、看看剧，感觉全职主妇的生活也是挺惬意的。

在国外的时候呢，会突然想吃一些东西，比如大肉包子，比如烤串，比如火锅，反正都是些吃不到的东西。主要是吃的东西真的不是很合口味，在国内我很不喜欢之前室友的早餐——牛奶泡谷物，哪有我煎饼果子好吃！可是到了美国，我不仅每天早晨都吃这个，有时候一天都吃这个充饥，后来发现其实挺好吃的。

一个人你可能对于家乡没有归属感，但是你的胃有，你骗不了你的胃。我疯狂地想吃中餐的时候，我住的地方几乎没有中餐馆，也没有韩餐馆。来之前有人建议我住在韩国城附近，可是真的很远。正当我思乡情切的时候，有一位看起来很像《生活大爆炸》里莱纳德的同事，兴冲冲地说带我去吃一顿中餐。

我仿佛看到了希望的曙光，兴致勃勃地去了，却发现这个中餐好像不是中餐。有米饭，但是味道很奇怪，还有饼，还有些生的胡萝卜和一些酱，吃法是用饼卷着米饭吃。怎么形容？那感觉好像是吃大米饭馅儿的包子一样，或者我把这个幻想成烧饼夹油条，比较有利于缓解我思乡之情。重点是这一餐80“刀”……回北京可以吃全聚德吃到撑好么！

后来我就放弃了寻找中餐馆，以至于很多年后，有人跟我说海底捞开到了洛杉矶，我就恨啊，怎么不早几年来解救下我。为了满足我的胃，我开始自己动手丰衣足食。

到美国短短一个月内，我的厨艺大增！不，是暴增！本来只不过是想给自己做一顿炸酱面，解解馋，后来一发不可收拾，开始尝试做各种东西，我发现其实自己是有厨艺天赋的！在之前我从来没想过有一天自己的拿手好菜，会是红烧肉！

对了，一次公司聚会大家要带自己做的吃的，算是个party吧。我想了想，做个宫保鸡丁和糖醋里脊，因为美剧看多了，也知道了老外喜欢些什么菜。同事尝过之后，我立即在公司被奉为厨神，他们说那是他们吃过最正宗的宫保鸡丁！讲真，那个菜我觉得我做得一般！

除了吃，我自己动手解决了，还有一个棘手的，我的英语！走之前，我恶补了专业英语，公司也给我报班拯救了一下我的商务英语，但是！还是有很多问题的，首先读写方面的困难不小。每天我面对的工作都好像是对自己在进行了大量的听说读写训练，巨大的阅读量经常让我熬到半夜才完成工作。

刚到美国的一段时间，我没有办法去看电影，相信很多刚到国外的朋友都会有这样的困扰，因为自己的听力和阅读能力

很有限，去影院看没有字幕的电影简直就像小时候看动画片一样，不需要语言，看动作就可以了！可是还是看得一知半解，只看个大概。

我记得我最喜欢看《老友记》了，开始看《老友记》就是想着不看字幕，练习听力；后来太有意思了，就想着先看完剧情，下一遍再不看字幕练习听力；后来我又刷了三遍还是带着字幕看的，每一遍就像是新看一样，总是那么有意思。到了美国影院看电影才后悔，英语真的太重要了。

因为读写没有那么过关，那我的输出就会出现问题，经常会出一些意想不到的乱子。那段时间有些苦恼，整日都很累，早晨还要早起给晓蕾打电话，说实话，情绪很不好，那大概是我人生中除了高考最累的日子了。

好在中国人的数学特别好，脑子比较灵活，我工作上很容易应付得来！但是作为中国人也是有很多不足的。在创意方面，说真的，我们真的是有些不足。因为美国的广告行业本来就比较发达，以至于他们的思路和我们在本质上就会不一样，很敢想，很天马行空。而广告在国内作为学科才不过几年，教授广告和创意的老师很多都实战经验不足。所以中国很多广告专业的学生从一开始的基础就不踏实，这是实话。

说个大家有共鸣的，看过美剧和国产电视剧的大家知道，就植入来讲，国产剧的植入简直精彩，生硬的口播让人分分钟出戏，但是美国很多片子在处理植入的时候很到位，不会让观众过于反感，而且能较好地体现品牌诉求。

所以，我想公司让我来大概就是来学习这些的吧。人不出来看看真不知道天有多高，地有多大。原来我觉得很不错的很多创意，其实不过是人家玩过的老套路了。

所以外国的月亮是不是比较圆呢？见仁见智吧，我觉得真是挺像那么回事儿的呢。

15. 北京到底有啥好的？

北京这几年多了一些东西，比如雾霾，朋友圈里开始有人讨论逃离北京。狗哥突然问我说，北京有啥好的？你们毕业了都来北京。

我笑笑问他，北京有啥好的？你咋不走呢？

狗哥有些心虚地说，走不了，我这行走了去哪儿啊。

肖飞也是这么说的，他做编剧，离不开北京。

我呢？我为什么离不开北京？我也在想。

肖飞跟我和狗哥说，他的大学要迁校了，旧校区拟不保留。说完，肖飞狠狠地喝光了一杯酒，接着又说，你们知道吗？我毕业那天，从正门拉着行李出来的，我发誓只有混出个样子，才能有资格从正门进去。

肖飞苦笑道，你知道除了我这行不能离开北京，还有什么原因离不开北京么？这么多年，我只要是心烦了，没有动力了，就回学校去看看，看看我出来的地方，吃一吃想念好久了的味道，然后就好像重新活过来了一样，你们别觉得我矫情，我是说真的。

虽然我觉得肖飞的做法有些矫情，但对他来说很正常。

肖飞一直没有办法接受老校区不保留这件事儿，他觉得他的回忆没了，他的青春好像也没了，或者说，一直在背后看着他的母校没有了。我理解他的感受。我想他大概心里算计着想有朝一日变成了大编剧，风风光光地回母校，再去看一看那些年的日子吧。

我呢？我没有在北京读书，那么我为什么不离开？我发现我离不开了。北漂久了，从一开始的“去北京”变成了“回北京”。北漂的人啊，漂久了，就哪儿都是家了。

我来北京五年了，一开始不适应。这个城市太大，楼太高，人太多，路太堵。很多次赴个约，都要城东跑城西，南头儿跑北头儿，提前两个小时出门，挤地铁搭公交，一天好几个小时花在路上，效率很低。

这时候，我开始怀念小时候，在家乡的小城镇，到哪里也不过几十分钟的脚程，感觉一天能做好多事儿。小的时候，母亲单位午休两小时，母亲来得及下班给我做份午餐送到学校，最后她自己静静地在单位吃完午餐。那时候就感觉日子很长，时光很慢。放学了和同学一起背着重重的书包路边买点儿小吃食，边走边吃，晃晃悠悠踩着日落的影子回到家，推开门饭香味扑面而来。每当

在城市里挤地铁提着外卖回到关着灯的出租屋的时候，我都想念那时候的日子。

可是，我不能回去。人不光是为了活而生，人纵然要死的，我们的存在在世间不过是沧海之一粟，但对我们自己来说却是全部。不管怎么样，苦也好，累也罢，活出自己的意义，有那么一天觉得自己没有愧对自己，没有枉过这一生也就足够了。北京待得久了，好像也就离不开了，从适应到慢慢地我开始喜欢这个小时候常常听大人们唱的光芒照四方的北京了。

说点儿实际的，我为什么喜欢北京。首先，是北京的便利。各种电商网购物品可以当天到达，不像有一次我在老家买了几本书想在家看，后来过了许久我要离开了，书才到，那时候我就开始想念北京。

其次，虽然我很多时候都是过老干部早睡早起的生活，但是作为一个年轻人，也是要有夜生活的，不说别的，撸串儿是一定要的，华灯初上，北京的夜才刚刚开始。

回到家的时候，我经常在晚上想叫上三五好友出去吃点儿东西，但是却发现能去的馆子没几家，甚至是我晚上突然想买东西，发现楼下的超市早就关上了门，这时候我就开始想念北京。

有时候跟狗哥喝点儿小酒，我就问他，为什么就在北京了，我们买不起房，摇不上号，我们为什么还在北京?

狗哥说，对于每一个北漂的人来说，离开北京就好像是一切都结束了，曾经幻想的，做梦的，走了就结束了。老子那年拉个行李箱出来了，你就叫我这么回去？回不去，混不出个样子来不回去。

我问狗哥说，啥叫混出个样子？开大奔回家啊。

狗哥说，要看你想干吗，你想干的你干了没有。你想干的干了，就叫混出个样子！开大奔算啥，车、房子那都不算。你为啥出来？你做到了就算混出来了。

我说，我啊，有房子车子也算混出来了。

狗哥说，那是你，肖飞，给他十套房子，没一个剧本、没一个电影，也叫混不出来！你问问他，要房子还是要作品。

我大笑，他饿死自己也想当个编剧，房子车子对他没用，没有诱惑了。

狗哥说，对嘛，你说啥对我有诱惑？

我摇头，说实话，这么多年，我真的不知道狗哥想要啥。

狗哥像是畅想一般，拿起酒瓶喝了三大口说，我想创业。

我知道狗哥想创业，上次失败了，狗哥就一直韬光养晦，等着哪天突然来个爆发。

我打趣道，狗哥你不是创业了嘛，这家店，咱俩是股东啊，你是大老板啊！

甘子拿着新烤的串送过来，忙填补，对呀，对呀，咱这店虽小，但是也是个创业啊！

狗哥瞪了我俩一眼，拿起一根串就往嘴里送，不料烫了自己，啊啊地叫着说，自己要开公司，不是开店。

甘子打趣道，我觉得，其实搞个全国烤面筋连锁公司也挺牛的。满街头烤面筋的都是咱们的员工！啊哈哈哈。

狗哥说，老弟，别贫，你在北京，你想干啥？

我以为甘子还要继续打趣，不料甘子却异常地认真想了想，他想读书，他觉得自己当年找工作不顺利就是因为学历低，他想攒钱复习考个研究生，再当几年学生。

我仔细想想，我在北京是为什么？我没有肖飞那么坚定的梦想，没有狗哥的野心，没有甘子的上进，那么我想要的是什么呢？我思考了很久，我也想给自己找到一个特别伟大的理由，但是仔细想一想，我没有什么特别的理由，我只不过是想活得精彩吧。我喜欢广告，我喜欢创意，喜欢我的职业，所以我想有一天我想在这样一个我离不开的城市，做自己喜欢的职业，这大概就是我想要的吧。

后 记

毕业这五年，相信自己就好

在美国待的时间没有我预想得长，大概八个月我就被调了回来，原因挺有意思：赵领导终于撑不住了，整个部门都不在他的掌控之中，工作质量也在下降，听说后来他去“祸害”别的部门了。

这时候我就想很骄傲地说，创意策划这个东西，还是要靠一些灵感和天赋的，对不对？哪是随便什么人想做就做，不是看过广告的人就能做广告，看过电影的人就能做电影，你还会玩电脑呢，你要去做程序员么？道理是一样的。

骄傲过后，我不得不说，我摸爬滚打了五年，终于进入了中层领导群体——策划总监。总监，这个名号，我以前觉得特别大、特别厉害。后来听说，小时候看的电视剧台湾的总监和大陆的总监意思不大一样，台湾的总裁好像是叫总监，这我才反应过来，那意思不一样得大了去了！

总监一直在我心里是特别光辉的，特别伟大，好大的一个官！直到有一次我去剪头发，人家说设计师都忙着，总监能马上剪，我着急就下了血本，花了 98 块钱请设计总监给我剃了一个小区 8 块钱大爷理发一样的发型。那时候我才觉得，其实总监也不是多大的官。

不过对于我当上总监这茬，狗哥很高兴，他觉得至少这个名头听着就好听，比副总经理好听，副总经理一听就是副的，总监不知道的还以为是最大的官儿呢！我好笑，人啊，有时候之所以乐观，就在于会自欺欺人！

我当上总监之后，突然觉得有些话很对。第一句叫作“能力越大责任越大”，但其实这句话应该叫作“责任越大能力越大”！第二句叫作“屁股决定大脑”，说的是，你处在什么位置，就决定了你大脑要思考什么样的事儿和以什么样的方式思考。

为什么明白了这些呢？是因为，曾经我常常在思考总监难做吗？真的到了这个位置，我发现，不难，但也不简单！你做了总监，你自然要想个总监一样去思考、去处理，所有的人也会去配合你，所以其实难吗？没想象中那么不容易。

同样地，普通岗位上的大家呢？其实我觉得大家更不容易，琐碎的事情，细枝末节的事情，比拿大方向更要困难，所以其实不能说一个不合格的兵就当不了将军。这句话听起来很像是悖论，你们可以慢慢体会。总之我要说的是，每一个岗位都不容易，总监其实做起来倒是更简单一些。

仔细想想自己这几年挺有意思，当了大学生村官，合伙开了串店，还去天南海北走了一走，最后老天待我不薄，让我在一家还不错的大公司里当上了策划总监。我不觉得自己成功，只是觉得好在岁月并没有蹉跎，遗憾是我的存款还是不多，没等我攒够首付，北京的房价已经飙上去了。

我刚毕业的时候去了趟桂林阳朔，认识了干爸干妈，这几年干爸干妈批下来块地，新盖了栋别墅，和自己的女儿女婿一起开了个度假酒店。我每年都会去看看他们，每次看到他们一家人在山水间悠闲地生活经营，就觉得所谓的岁月静好之类酸溜溜的词形容他们再合适不过了。

狗哥这五年过得也挺有意思，任性地创了一次业，得到了教训失败了，欠了一屁股债，还谈了一场不靠谱的恋爱。狗哥支持他表弟和我开了串店，额外收入也开始多了。之后狗哥在投资圈小有名气，钱赚了不少。狗哥爱好攒钱，所以狗哥倒是投资了房产，狗哥在望京买了套不限购的房子，付了首付，他这人是要有个家才觉得安定，狗哥把房子租出去了，还是和我合租在一起。用狗哥的话说，他离不开我。

肖飞呢，一直在做编剧。肖飞入行前两年，一直在边缘，写过很多不靠谱的东西，写了大纲没给钱的，写到一半不拍了的，还有当枪手没名儿的，各种各样的；一直到了第三年末他才有了个联合编剧的署名。这个行业就是这样，有了一个署名，

好像一切都顺风顺水了，一切都开始变好了。慢慢地，他有些私活接了，也不至于连口饭都吃不上了。到了第五个年头，肖飞才终于又开始买保养品，开始念叨我和狗哥不涂护手霜，糙汉子就是糙……

晓蕾在北京工作得很好，但是我知道她心里在着急一些事情了，我在北京还是不能给她一套房子，不过，我现在所有的都可以给她，只要她想要结婚，我立即就娶了她，然后我就做甩手掌柜只管赚钱，不管花钱了。但是，其实也许她并没有想要嫁给我。

对了，还有甘子，甘子因为这个串店已然成了小区的红人。这小子这几天抽空还去学了学厨艺，现在川菜和湘菜做得还不错。不过据说他在攒钱上“成教”，之后正正规规考个研究生，他还是觉得自己的学历让自己不满意。以前吃了没文凭的亏，现在他想学起来，挺好。

还有一个当年和我一起做大学生村官的姑娘，叫梁菲，她辞了职，不当公务员了，之后做起了老本行，做了新闻工作者。做了记者，天南海北地跑，偶尔联系一下，她总是在不同的地方。有一次还从国外给我打来了电话，说是要是她被炸死了回去不了，这就是诀别了。后来过了两个月，我又接到了她生龙活虎的电话……

我身边的这几个朋友，这五年都有些不大不小的变化。总的来说我们努力地活着，时间把该给的都馈赠给了我们，机会有大有小，我们有的抓住了，有的失去了，不过每一件事都成就了现在的我们。

职场五年，发现并没有职场剧里那么多的钩心斗角，也没有情景剧里那么和乐融融。阴谋没有那么多，但是不代表没有。坏人也没有那么多，而是单纯善良的人更多。

如果你要进入职场了，这就是我的前五年，给你做个参考；也有些感悟，你看看就好，剩下的路，相信自己就好了！